| 就业技能培训教材 |

牛的饲养技术

主　编　包铁虎　王小梅
副主编　乌日娜　杨旭艳

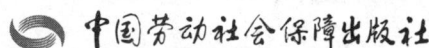

中国劳动社会保障出版社

图书在版编目(CIP)数据

牛的饲养技术 / 包铁虎,王小梅主编. -- 北京:中国劳动社会保障出版社,2023

就业技能培训教材

ISBN 978-7-5167-5933-2

Ⅰ.①牛… Ⅱ.①包…②王… Ⅲ.①养牛学-技术培训-教材 Ⅳ.①S823

中国国家版本馆 CIP 数据核字(2023)第 118294 号

中国劳动社会保障出版社出版发行

(北京市惠新东街 1 号 邮政编码:100029)

*

北京市科星印刷有限责任公司印刷装订 新华书店经销

880 毫米×1230 毫米 32 开本 6.875 印张 161 千字
2023 年 7 月第 1 版 2023 年 7 月第 1 次印刷

定价:18.00 元

营销中心电话:400-606-6496

出版社网址:http://www.class.com.cn

版权专有 侵权必究

如有印装差错,请与本社联系调换:(010) 81211666

我社将与版权执法机关配合,大力打击盗印、销售和使用盗版图书活动,敬请广大读者协助举报,经查实将给予举报者奖励。

举报电话:(010) 64954652

前　言

《国务院关于推行终身职业技能培训制度的意见》（国发〔2018〕11号）提出，要围绕就业创业重点群体，广泛开展就业技能培训。为促进就业技能培训规范化发展，提升培训的针对性和有效性，我们对原职业技能短期培训教材进行了优化升级，组织编写了就业技能培训系列教材。本套教材以相应职业（工种）的国家职业技能标准和岗位要求为依据，力求体现以下特点：

全。教材覆盖各类就业技能培训，涉及职业素质类，农业技能类，生产、运输业技能类，服务业技能类，其他技能类五大类。

精。教材中只讲述必要的知识和技能，强调实用和够用，将最有效的就业技能传授给受训者。

易。内容通俗，图文并茂，引入二维码技术提供增值服务，易于学习。

本套教材适合于各类就业技能培训，欢迎各单位和读者对教材中存在的不足之处提出宝贵意见和建议。

内 容 简 介

本书涉及岗位认知，牛品种识别，牛的体形、体质与外貌鉴定，牛常用饲料及其加工制作，奶牛饲养管理技术，肉牛饲养管理技术，牛群繁殖技术，牛病防治技术，牛场筹划与建设等内容，具有较强的科学性和实用性。

本书内容贴近养牛生产实际，通俗易懂，图文并茂，既可作为养牛生产技术人员的技能培训教材，又可作为职业院校相关专业教材，还可作为广大养殖户的技术参考书。

为帮助读者更好地掌握牛的饲养技术，扫描封底的二维码可免费查看全书图片。

本书由包铁虎、王小梅任主编，乌日娜、杨旭艳任副主编，乌兰其其格、徐桂杰、邓守全、田雪丽参与编写。

本书编写工作得到锡林郭勒职业学院和内蒙古圣牧控股有限公司的大力支持，在此表示感谢。

目 录

第1单元　岗位认知 …………………………………………………… 1

　模块1　养牛工职业素养和岗位职责 ………………………………… 1
　模块2　养牛业在国民经济中的重要地位 …………………………… 6
　模块3　世界养牛业发展趋势 ………………………………………… 7

第2单元　牛品种识别 ………………………………………………… 9

　模块1　乳用牛品种识别 ……………………………………………… 9
　模块2　肉用牛品种识别 ……………………………………………… 13
　模块3　兼用（乳肉兼用、肉乳兼用）品种识别 …………………… 18
　模块4　地方优良牛品种识别 ………………………………………… 24

第3单元　牛的体形、体质与外貌鉴定 ……………………………… 33

　模块1　牛的体形、体质 ……………………………………………… 33
　模块2　牛体尺、体重的测量与外貌鉴定 …………………………… 36

第4单元　牛常用饲料及其加工制作 ········· 44

模块1　牛常用饲料及其特点 ············ 44
模块2　牛常用饲料的加工制作 ··········· 45
模块3　全混日粮（TMR）饲喂技术 ········· 49

第5单元　奶牛饲养管理技术 ············ 55

模块1　犊牛的饲养管理 ·············· 55
模块2　育成牛的饲养管理 ············· 67
模块3　成年奶牛的饲养管理 ············ 70
模块4　干奶牛和高产奶牛的饲养管理 ········ 78
模块5　挤奶技术 ················· 82
模块6　鲜奶的初步处理 ·············· 87

第6单元　肉牛饲养管理技术 ············ 90

模块1　肉牛分阶段饲养管理 ············ 90
模块2　肉牛肥育 ················· 93
模块3　高档牛肉生产 ··············· 101

第7单元　牛群繁殖技术 ·············· 110

模块1　母牛的发情 ················ 110
模块2　母牛的人工授精 ·············· 117
模块3　母牛的妊娠诊断 ·············· 125

模块 4　分娩与接产 ……………………………………… 132

第 8 单元　牛病防治技术 ……………………………… 139

模块 1　牛常见传染病防治 …………………………… 139
模块 2　牛常见寄生虫病防治 ………………………… 153
模块 3　牛常见内科病防治 …………………………… 167
模块 4　牛外产科病防治 ……………………………… 183

第 9 单元　牛场筹划与建设 …………………………… 195

模块 1　牛场筹划 ……………………………………… 195
模块 2　牛场建设 ……………………………………… 198
模块 3　牛场的环境控制 ……………………………… 205

第 1 单元 岗位认知

模块 1　养牛工职业素养和岗位职责

一、养牛工应具备的职业素养

1. 身心素养

（1）具备强健的体魄，能够胜任各类牛群的饲养管理。

（2）无疾病，尤其是无人畜共患传染病。

（3）具备能够适应牛场环境的心理素养。

2. 业务素养

（1）具有一定的文化修养。

（2）具备一定的养牛饲养管理知识。

（3）具备一定的养牛饲养管理技能。

3. 道德素养

（1）遵纪守法，遵守牛场规章制度。

（2）热爱养牛职业，爱岗敬业，团结合作。

（3）对工作认真负责，积极主动，全心全意为牛场服务。

二、养牛工岗位职责

1. 严守作息时间。按时上下班，服从管理人员管理，不得无故离岗、串岗、旷工。

2. 严格执行日常饲喂和管理规程。将各类牛饲料定时、定量、按顺序饲喂，少喂勤添，让牛吃饱吃好。养牛工还要熟悉每头责任牛的情况，做到不同情况区别对待：高产牛、头胎牛、瘦牛多喂；低产牛、肥胖牛少喂；围产期牛及病牛细心饲喂。

3. 每次饲喂前应做好饲槽的清洗卫生工作，以保证饲料干净，进而提高牛的采食量。

4. 细心观察牛的食欲、精神和粪便情况，发现异常应及时向技术人员和相关领导汇报，并做好相关的记录工作。

5. 节约饲料，减少浪费，并根据实际情况，对饲料的配方、定额及饲料质量向技术人员和相关领导提出意见和建议。

6. 严格执行疾病防治制度：积极配合兽医做好责任牛的疾病防治消毒工作。

7. 每日检查饲料仓库，发现发霉变质饲料应及时上报，并配合管理人员将发霉变质的饲料进行处理。

8. 保管好喂料车和工具，节约水电，并做好交接班工作。

9. 日常工作中自觉遵守厂区各项规章制度，确保安全生产，避免人畜伤亡。

10. 履行养牛企业规定的其他职责。

 小知识

牛场工作人员岗位职责

在生产计划指导下，以提高经济效益为目的，牛场内实行责、权、利相结合的经营管理制度。所以，牛场工作人员按岗位不同有着各自的岗位职责。

1. 牛场场长主要职责

（1）认真贯彻执行国家法律、法规、政策。

（2）制定年初预算方案、决算方案、利润分配方案和弥补亏损方案。

（3）制定管理制度。

(4) 制订运营计划。

(5) 决定人员任免、调动、升迁、奖惩、工资制度、分配形式等。

2. 畜牧主管主要职责

(1) 制定规章制度、技术操作规程,制订年度生产计划并检查落实和纠正执行情况。

(2) 制订全场各类饲料采购、储备和调拨计划,并检查饲料使用情况。

(3) 组织畜牧技术经验交流、技术培训和试验。

(4) 对畜牧技术中的重大事故,要负责得出结论,并承担应负责任。

(5) 对全场畜牧技术人员的任免、调动、升迁、奖惩,提出建议。

3. 兽医主管主要职责

(1) 制定消毒防疫制度和免疫程序,并进行监督。

(2) 制订兽医药械的分配调拨计划,并检查其使用情况,在发生传染病时,根据有关规定封锁或扑杀病牛。

(3) 组织兽医技术经验交流、技术培训和试验。

(4) 及时组织会诊疑难病例。

(5) 对兽医技术中的重大事故,要负责得出结论,并承担应负责任。

(6) 对全场兽医技术人员的任免、调动、升迁、奖惩,提出建议。

4. 畜牧技术人员职责

(1) 根据生产任务和饲料情况,制订生产计划。

(2) 制订各类牛的更新淘汰、产犊、销售及牛群周转计划。

(3) 确定饲料配方和饲喂定额。

(4) 制定育种和选种选配方案,进行牛只体况评分和线性评定。

(5) 负责畜牧技术操作和牛群生产管理,对生产中出现的畜牧技术事故要及时报告,并组织相关技术人员及时处理。

(6) 配合场长制定各种生产操作规程和岗位责任制度,督促执行并检查其贯彻执行情况。

(7) 总结本场的畜牧技术经验,传授科技知识,填写牛群档案,做好各项记录,并进行统计管理。

5. 兽医职责

(1) 负责牛群卫生保健、疾病监控和治疗，贯彻防疫制度，制订药械购置计划。

(2) 认真细致地进行疾病诊治，并如实填写病历和有关表格；遇疑难病历及时上报。

(3) 认真贯彻"预防为主"的方针，坚持每天巡视牛群，发现病牛，及时治疗。

(4) 组织力量检修牛蹄，监控乳腺炎。

(5) 普及奶牛卫生保健知识，提高员工素质，组织开展科研工作，推广应用先进技术。

(6) 配合畜牧技术人员，共同搞好牛群饲养管理，减少发病率。

(7) 严格执行药品存放管理制度，易燃药品和剧毒药品要严格保管，并严格执行发放规定。

(8) 要经常检查库存药品的存放情况，注意药品的有效期，谨防药品过期变质。

6. 人工授精员职责

(1) 年末制订下一年的逐月配种繁殖计划，月末制订下个月的逐日配种计划，同时参与制订选配计划。

(2) 负责牛只发情鉴定、人工授精、妊娠诊断、生殖道疾病和不孕症的防治，以及奶牛进出产房的管理等。

(3) 及时做好发情记录、配种记录、妊娠检查记录、产犊记录、生殖道疾病治疗记录，填写繁殖卡片等。按时整理分析各种繁殖技术资料，并及时如实上报。

(4) 注意液氮存量，做好牛精液的保管和采购工作。

(5) 普及牛的繁殖知识，掌握科技信息，推广先进技术和经验。

7. 饲养员职责

(1) 将各类牛饲料定时、定量、按顺序饲喂，少喂勤添，严格遵守上、下槽时间，让牛吃饱吃好。

(2) 熟悉牛只情况，做到不同情况区别对待：高产牛、头胎牛、瘦牛多喂；低产牛、肥胖牛少喂；围产期牛及病牛细心饲喂。

(3) 细心观察牛只食欲、精神和粪便情况，发现病情及时报告给兽医，并协助人工授精员做好发情鉴定。

(4) 节约饲料，减少浪费，并根据实际情况，对饲料的配方、定额及饲料质量向技术人员提出意见和建议。

(5) 每次饲喂前应做好饲槽的清洗卫生工作，以保证饲料干净，进而提高牛只采食量。

(6) 保证牛体、牛舍清洁卫生，经常刷拭牛体，并做好后备牛调教工作。

(7) 保管好喂料车和工具，节约水电，并做好交接班工作。

8. 挤奶员职责

(1) 应熟悉所管的牛只，遵守操作规程，定时、按顺序挤奶。不得擅自提前或推迟挤奶时间，不得提前结束挤奶。

(2) 挤奶前应检查挤奶器、挤奶桶、纱布等有关用具是否清洁、齐全，真空泵压力和脉动频率是否符合要求，脉动器声音是否正常等。

(3) 做好挤奶卫生工作，并按照挤奶操作要求，热敷按摩乳房，检查乳房并在挤奶前将头三把奶挤掉。

(4) 发现牛奶异常或乳房异常要及时报告兽医。

(5) 含有抗生素的奶以及患乳腺炎的奶牛产的奶应单独存放，另行处理，不得混入正常奶中。

(6) 做好挤奶机器的清洗及维护工作。

9. 清洁工职责

(1) 负责牛体、牛舍内外清洁工作，做到"三勤"，即勤走、勤看、勤扫。

(2) 牛粪及被污染的垫草要及时清除，以保持牛体和牛床清洁。

(3) 牛床及粪尿沟内不准堆积牛粪和污水。

(4) 及时清除运动场粪尿，以保持清洁、干燥。

(5) 注意观察牛只的排泄及分泌物，发现异常及时上报，并协助人工授精员做好牛只的发情鉴定。

模块2　养牛业在国民经济中的重要地位

农业是国民经济的基础，畜牧业是农业的重要组成部分，养牛业又是畜牧业的重要组成部分。养牛业产值占畜牧业产值的比例：丹麦、新西兰、瑞士为90%以上，挪威、瑞典、芬兰为80%左右，美国、德国为60%以上。

一、发展养牛业是构建节粮型畜牧业的客观需要

人、畜争粮的问题是比较突出的问题，解决这个问题的主要措施是大力发展节粮型畜牧业，充分发挥草食家畜的生产潜力。牛是草食家畜，还是反刍家畜，它的消化系统很特殊，有极强的粗纤维分解能力。因此，牛能比其他家畜更有效地利用以秸秆为主的粗饲料。

二、发展养牛业是农业产业结构调整的需要

我国畜牧业已成为农业中产业化、市场化特征突出和充满活力的产业。畜牧业产业结构调整的核心是大力饲养草食家畜，走节粮型畜牧业道路，而养牛业则是节粮型畜牧业的重要组成部分。

三、发展养牛业是实现农村经济可持续发展的需要

"高效、生态、安全"是当今社会对现代畜牧业提出的基本要求。退耕还林、林间种草、荒山荒坡栽种优质林草，为发展现代舍饲养牛提供了良好的饲料来源，在为农户带来丰厚收入的同时，也产生了大量的有机肥料，进而又有效推动了高效种植业的发展，实现了良性循环和农村经济可持续发展。发展养牛业可以有效转化农

副产品，把原本可能废弃的秸秆转化为营养丰富的奶和肉。同时，还可以增加有机肥料，减少化肥和农药的使用，促进绿色食品发展。

模块3　世界养牛业发展趋势

随着科学技术的不断发展，高新技术广泛应用于养牛生产。因此，养牛生产水平不断提高。当前，世界养牛业呈现出以下发展趋势。

一、乳用品种向单一化、大型化方向发展，单产不断提高

世界著名的奶牛品种主要有荷斯坦牛、娟姗牛、爱尔夏牛、更赛牛、瑞士褐牛等。因为荷斯坦牛生长发育快、生产单位牛奶所需要的饲料费用低、瘦肉率高，并且具有广泛的适应性和风土驯化能力，所以在很多国家，如美国、加拿大、荷兰、丹麦、澳大利亚、新西兰、日本、以色列等，其饲养比例均占奶牛饲养总量的90%以上。所以说，乳用品种向单一化、大型化发展。

二、肉用品种向大型化、产肉性能增强方向发展，肥育方式转向节粮型

近年来，肉牛品种从原来体形较小、易肥、中早熟的海福特、安格斯、短角牛等小型品种转向大型品种。现在广泛养殖的夏洛莱、利木赞、皮埃蒙特等品种，具有体形大、增重快、瘦肉多、脂肪少的特点。近年来，国外对牛生长性能指标的一致要求是：肥育期短、出栏早、瘦肉和优质肉比例大、日增重大、饲料报酬高。

三、乳肉兼用品种发展迅速

近年来，各国都非常注重"向奶牛要肉"，即对奶牛淘汰牛、奶

牛公犊牛进行肥育，奶、肉兼得。欧盟国家所产牛肉的45%都来自奶牛。荷兰用于生产牛肉的牛90%来自奶牛。奶牛在荷兰一般于生产5次后就被淘汰，淘汰后会直接被肥育，或被利用与肉用公牛杂交。由于荷斯坦牛体形较大，高强度肥育时体内不易贮存脂肪，胴体瘦肉率高，饲料转化率也高，所以常用来生产牛肉。利用奶牛生产优质牛肉，已成为国外牛肉业发展的一大特点。

四、生产方式向规模化、专业化、集约化方向发展，效益不断提高

实践证明，奶牛生产要有一定的规模才能形成明显的效益。小型奶牛场不便于采用机械化、现代化管理手段，不利于降低生产成本。因此，养牛业发达国家牛场数量日趋减少，但户均养牛头数增加，日益趋向扩大饲养规模，提高机械化、现代化水平。经营方式也从最初的粗放型向规模化集约型转变。由于采取了这些措施，增强了抗风险能力，并获得了较高的经济效益。

五、杂交优势被充分利用，高档牛肉生产呈快速发展趋势

世界各国充分利用杂交优势，培育出各具特色的肉用或兼用品种。随着经济的发展和生活水平的提高，民众消费品位上升，高档牛肉消费量迅速增加。高档牛肉指标要求较高，在大理石纹等级、成熟度上有较高标准。

六、水牛生产从役用向乳用方向快速发展

在第六届世界水牛大会上，水牛专家和学者一致提出：现代水牛业有着奶用为主、肉用为辅的发展趋势。世界奶业持续发展，水奶牛业发展更快，水牛生产从役用向乳用方向快速发展。

第 2 单元 牛品种识别

模块 1 乳用牛品种识别

乳用牛品种较多，有荷斯坦牛、娟姗牛、爱尔夏牛、更赛牛等。现全球性地、趋于单一化地饲养荷斯坦牛，已经很少饲养其他品种了。

一、国外荷斯坦牛

荷斯坦牛原产于荷兰，全身有着黑白相间的花片，故又称荷兰牛或黑白花牛。荷斯坦公牛和母牛如图 2-1、图 2-2 所示。荷斯坦牛风土驯化能力很强，现在荷斯坦牛几乎遍布全球，经过各国长期的风土驯化和系统的选育、繁育，育成了具有各国独自特点、适应当地环境条件的荷斯坦牛，所以各国常加上自己的国名来命名之。荷斯坦牛的主要毛色是黑白，也有少数是红白。

图 2-1　荷斯坦公牛　　　　　图 2-2　荷斯坦母牛

荷斯坦牛有乳用型和兼用型两种。

1. 乳用型

（1）原产地。乳用型荷斯坦牛的原产地为荷兰。

（2）外貌特征。体形高大，轮廓清秀，骨突明显，角部清瘦，鬐甲骨狭长，后躯宽长，全身呈楔形。皮薄，皮下脂肪少。后躯较前躯发达。乳房大且丰满，紧凑不下垂，前伸后展明显。四个奶区发展均衡，乳房中隔显而不深，附着好，支撑坚韧，后附着部高且宽，奶头大小适中，四奶头间距适宜，乳静脉粗且弯曲。成年公牛体高 140~145 cm，体重 900~1 200 kg；成年母牛体高 130~135 cm，体重 650~750 kg。

（3）生产性能。母牛年产奶量一般为 7 500~8 500 kg，乳脂率为 3.5%~3.8%。产肉性能一般，屠宰率为 48%~53%。

2. 兼用型

（1）原产地。兼用型荷斯坦牛的原产地与奶用型一样，也是荷兰。

（2）外貌特征。体形偏矮，体躯较壮实，肌肉丰满，颈稍粗，背部较宽厚，臀部肌肉丰满，腿较粗。乳房形状和结构与奶用型相似，但向后展开程度较差，乳房略下垂。成年公牛体高 130~135 cm，体重 900~1 000 kg；成年母牛体高 125~130 cm，体重 550~750 kg。初生犊牛体重 40 kg 左右。

（3）生产性能。平均产奶量较乳用型低，年产奶量一般为 5 000~6 000 kg，但乳脂率高，一般为 3.7%~3.9%。产肉性能较好，屠宰率为 55%~60%。

二、中国荷斯坦牛

中国荷斯坦牛是纯种荷斯坦公牛与本地母牛的高代杂种，是经长期选育而成的，也是我国唯一的乳用牛品种，如图 2-3、图 2-4 所示。

图2-3 中国荷斯坦公牛

图2-4 中国荷斯坦母牛

1. 外貌特征

被毛有黑白花，白花多分布在牛体的下部，黑花、白花界线明显。体形高大，结构匀称，头清秀狭长，眼大而突出，颈瘦长，颈侧多皱纹。前躯较浅、窄，肋骨弯曲，肋间隙宽大。背线平直，腰角宽广，臀部长且平，尾细长，四肢强壮。乳房大，向前、后延伸良好，乳静脉粗大弯曲，乳头长且大。被毛细致，皮薄，弹性好。中国荷斯坦牛体形大，成年公牛体重达 1 000 kg，成年母牛体重 500~600 kg。初生犊牛体重一般在 40~50 kg。

中国荷斯坦牛因在培育过程中，各地引进的荷斯坦公牛和本地母牛的类型不一，以及饲养条件的差异，其体形分大、中、小三个类型。

（1）大型。主要是用从美国、加拿大引进的荷斯坦公牛与本地母牛长期杂交和横交培育而成。特点是体形高大，成年母牛体高可达 136 cm。

（2）中型。主要是用从日本、德国等国家引进的中等体形的荷斯坦公牛与本地母牛杂交和横交培育而成。特点是体形中等，成年母牛体高在 133 cm 以上。

（3）小型。主要是用从荷兰等欧洲国家引进的兼用型荷斯坦公牛与本地母牛杂交，或用北美荷斯坦公牛与本地小型母牛杂交培育而成。特点是体形较小,成年母牛体高在 130 cm 左右。

2. 生产性能

泌乳期约为305天,第一胎产奶量为 5 000 kg 左右,优秀牛群中个体平均产奶量可达 7 000 kg,少数优秀者产奶量甚至在 10 000 kg 以上,乳脂率为 5.5%~6.0%。未经肥育的母牛和去势的公牛,屠宰率平均可达 50%,净肉率在 40% 以上。母牛性情温顺,易于管理,适应性强,耐寒不耐热。

3. 杂交改良效果

杂交效果良好,其后代乳用体形得到改善,体形增大,产奶性能大幅度提高。

三、娟姗牛

1. 原产地与显著特点

娟姗牛属小型乳用品种,原产于英吉利海峡南端的娟姗岛。娟姗公牛和母牛如图 2-5、图 2-6 所示。娟姗牛的最大特点是单位体重产奶量高,乳汁味道浓厚,其中的脂肪球大,易于分离,乳脂呈黄色,风味好,适于制作黄油,所以娟姗牛的鲜奶及奶制品备受欢迎。

图 2-5 娟姗公牛

图 2-6 娟姗母牛

2. 外貌特征

体形小,头小且清秀,额部凹陷,两眼突出,耳大且薄,鬐甲狭窄，肩直立，胸深宽，背腰平直，腹围大，臀部长、平、宽，尾帚细长，四肢较细，关节明显，蹄小。乳房发育匀称，形状美观，乳静脉粗大、弯曲，后躯较前躯发达，体形为楔形。娟姗牛被毛细短、有光泽，毛色为深浅不同的褐色，以浅褐色居多。鼻镜及舌为黑色，嘴、眼周围有浅色毛环，尾帚也是黑色。娟姗牛体形小，成年公牛体高 123~130 cm，体重 500~700 kg；母牛体高 111~120 cm，体重 350~450 kg。初生犊牛体重为 23~27 kg。

3. 生产性能

一般年产奶量为 3 600 kg 左右，乳脂率为 5.5%~6%。娟姗牛性成熟早，一般 15~16 月龄便开始配种。

模块 2　肉用牛品种识别

一、夏洛莱牛

1. 原产地

夏洛莱牛原产于法国的夏洛莱省和涅夫勒省，是举世闻名的大型肉牛品种，如图 2-7、图 2-8 所示。

2. 外貌特征

夏洛莱牛最显著的特点是被毛为白色或乳白色，皮肤常有色斑；全身肌肉特别发达；骨骼结实，四肢强壮。夏洛莱牛头小、宽；角呈蜡黄色，圆且长，并向前方伸展。颈粗短，胸宽深，肋骨方圆，背宽肉厚，体躯呈圆筒状，肌肉丰满，后臀肌肉尤其发达，并向后和侧面突出，即双肌现象明显。初生公犊重约 45 kg，初生母犊重约 42 kg。成年公牛体重一般为 1 100~1 200 kg，成年母牛体重一般为 700~800 kg。

图 2-7　夏洛莱公牛　　　　　图 2-8　夏洛莱母牛

3. 生产性能

夏洛莱牛在生产性能方面表现出的最显著特点是：生长速度快，瘦肉产量高。在良好的饲养条件下，6月龄公犊体重可达250 kg，母犊可达210 kg；日增重可达1 400 g；公牛周岁时体重甚至可达511 kg。

夏洛莱牛作为专门化大型肉用牛，产肉性能较好，屠宰率一般为60%～70%，胴体瘦肉率为80%～85%。16月龄的肥育母牛胴体重可达418 kg，屠宰率可达66.3%。与其他肉用品种母牛比较，夏洛莱母牛产奶量较高，一个泌乳期可产奶2 000 kg，乳脂率为4.0%～4.7%。以上这些都是夏洛莱牛的优点，但该牛在纯种繁殖时难产率较高。

二、利木赞牛

1. 原产地

利木赞牛原产于法国中部的利木赞高原，因此得名。利木赞牛属于专门化的大型肉牛品种，如图2-9、图2-10所示。

2. 外貌特征

利木赞牛毛色为红色或黄色；口、鼻、眼周围，四肢内侧及尾帚的毛色较浅。角为白色，蹄为红褐色。头较短小，额宽，胸部宽深，体躯较长，后躯肌肉丰满，四肢粗短。平均成年体重：公牛

1 100 kg，母牛 600 kg。在较好的饲养条件下，公牛体重为 1 200~1 500 kg，母牛为 600~800 kg。

图 2-9　利木赞公牛

图 2-10　利木赞母牛

3. 生产性能

利木赞牛产肉性能和胴体质量都好，眼肌面积大，前后肢肌肉丰满，出肉率高，在肉牛市场上很有竞争力。在较好的饲养条件下，犊牛断奶后生长很快，10 月龄体重可达 408 kg，12 月龄体重可达 480 kg，哺乳期日增重为 0.86~1.0 kg，而且 8 月龄小牛就可生产出具有大理石纹的牛肉。

三、海福特牛

1. 原产地及分布

海福特牛原产于英国海福特县，是世界上最古老的早熟肉牛品种，如图 2-11、图 2-12 所示。

图 2-11　海福特公牛

图 2-12　海福特母牛

2. 外貌特征

海福特牛是中小型品种，体躯宽大，前胸发达，全身肌肉丰满，头短，额宽，颈短粗，颈垂发达，背腰平直且宽，肋骨张开，四肢端正而短，躯干呈圆筒形，具有典型的肉用牛的长方体形。被毛，除头、颈垂、腹下、四肢下部和尾端为白色外，其他部位均为红棕色。皮肤为橙红色。成年体重：公牛为 1 000~1 100 kg，母牛为 600~750 kg。初生犊牛重：公犊为 34 kg，母犊为 32 kg。

3. 生产性能

12 月龄体重达 400 kg，一般日增重 1 kg 以上。出生后 400 天屠宰时，屠宰率为 60%~65%，净肉率达 57%。肉质细嫩，味道鲜美，肌纤维间沉积脂肪丰富，肉有大理石纹。

四、安格斯牛

1. 原产地及分布

安格斯牛是小型品种，属英国最古老的肉用牛品种之一。在美国，安格斯牛占肉牛总数的 1/3。安格斯公牛与母牛，如图 2-13、图 2-14 所示。

图 2-13 安格斯公牛

图 2-14 安格斯母牛

2. 外貌特征

安格斯牛一般是黑色的，也有少量是红色的。无角，少数牛的腹下、脐部或乳房有白斑，体形较低矮，头小而方，额宽，体躯宽深，呈圆筒形，四肢短而直，前后裆较宽，全身肌肉丰满，具有现代肉牛的典型特征。母牛体高约 122 cm，一般体重为 350~450 kg；公牛体高约 135 cm，一般体重为 650~750 kg。

3. 生产性能

安格斯牛早熟易配，12 月龄时成熟，但生产中常常控制在 18~20 月龄初配。胴体品质高，出肉多，屠宰率一般为 60%~65%。哺乳期日增重 900~1 000 g，肥育期日增重 700~900 g。肌肉大理石纹很好。

五、皮埃蒙特牛

1. 原产地及分布

皮埃蒙特牛原产于意大利，最初为役用牛，经长期选育，现已成为生产性能优良的专门化肉用品种。皮埃蒙特公牛与母牛如图 2-15、图 2-16 所示。

图 2-15　皮埃蒙特公牛　　　　图 2-16　皮埃蒙特母牛

皮埃蒙特牛具有"双肌"基因，是目前国际公认的终端父本，已被世界 20 多个国家引进，用于杂交改良。我国现在已有 10 余个省、市在推广应用。

2. 外貌特征

犊牛被毛呈浅黄色。在性成熟时公牛颈部、眼圈和四肢下部为黑色，其余部分为白色；母牛为全白，个别的眼圈、耳廓四周为黑色。角型为平出微向前弯，角尖呈黑色。体形较大，体躯呈圆筒状，肌肉高度发达，双肌明显。成年公牛体高约 140 cm，体重约 800 kg；成年母牛体高约 130 cm，体重约 500 kg。

3. 生产性能

该品种牛肉用性能好，早期增重快，0~4 月龄日增重为 1.3~1.5 kg，饲料利用率高，成本低，肉质好。12~15 月龄公牛体重为 400~500 kg，每增重 1 kg 消耗精料 3.1~3.5 kg。据测定，该品种牛屠宰率可达 72.8%，净肉率可达 66.2%。泌乳期平均产奶量为 3 500 kg，乳脂率约为 4.17%。该品种作为肉用牛种还具有较高的泌乳能力，与黄牛杂交，改良黄牛后，所产后代的泌乳能力有所提高。

小知识

双　　肌

双肌是部分动物的遗传特征，具有这种遗传特征的牛称为双肌牛。双肌牛并不是具有双倍的肌肉，而是指肌肉纤维数量的增加或肌纤维的过度肥大。皮埃蒙特牛和夏洛莱牛的双肌特征较明显。

模块 3　兼用（乳肉兼用、肉乳兼用）品种识别

一、西门塔尔牛

1. 原产地及分布

西门塔尔牛原产于瑞士西部的阿尔卑斯山区，现已分布于很多国家，成为世界上数量庞大的乳肉兼用品种之一。西门塔尔公牛与母牛如图 2-17、图 2-18 所示。

图 2-17　西门塔尔公牛　　　　图 2-18　西门塔尔母牛

2. 外貌特征

西门塔尔牛被毛的花色为黄白花或淡红白花，头、胸、腹下、四肢及尾帚多为白色。头较长，面宽，颈长中等。角较细而向外上方弯曲。体躯长，呈圆筒状，肌肉丰满。前躯较后躯发育好，胸深，臀宽平，四肢结实。乳房发育好。成年公牛体重一般为 800~1 200 kg，母牛一般为 650~800 kg。

3. 生产性能

西门塔尔牛乳用、肉用性能均较好，年平均产奶量为 4 070 kg，乳脂率为 3.9% 左右。该牛生长速度较快，日增重可达 1.0 kg，生长速度与其他大型肉用品种相近。胴体肉多，脂肪少而分布均匀，公牛肥育后屠宰率可达 65%。成年母牛难产率低，适应性强，耐粗放管理。

4. 与我国黄牛杂交的效果

我国自 20 世纪初就开始引入西门塔尔牛，1981 年时我国已有纯种西门塔尔牛 3 000 余头，杂交种 50 余万头。用西门塔尔牛改良各地的黄牛，都取得了比较理想的效果。

二、短角牛

1. 原产地

短角牛原产于英格兰的东北部，角较短小，故取名为短角牛。

短角公牛与母牛如图 2-19、图 2-20 所示。最初为肉用型,后因产奶量也高,开始乳肉兼用。现有肉用型和兼用型两种类型。

图 2-19 短角公牛

图 2-20 短角母牛

2. 外貌特征

短角牛被毛以红色为主,红白其次,个别为全白色,少数为沙毛;鼻镜呈粉红色,眼圈色淡。侧望时体躯似矩形,背部宽平,背腰平直,臀部宽广、丰满,股部宽而多肉。体躯各部位结合良好,头短,额宽平;角短细、向下稍弯;颈部被毛较长且多卷曲,额顶部有丛生的被毛。成年公牛体重为 900~1 200 kg,母牛为 600~700 kg;公、母牛体高分别为 136 cm 和 128 cm 左右。肉用型与兼用型外貌特征基本一致,不同的是乳用型的乳用特征较为明显,乳房发达,后躯较好,体形较大。

3. 生产性能

早熟性好,肉用性能突出,利用粗饲料能力强,增重快,产肉多,肉质细嫩。17 月龄活重可达 500 kg,屠宰率为 65% 以上。牛肉大理石纹好,但脂肪沉积不够理想。兼用型短角牛产奶量为 3 000~4 000 kg;乳脂率为 3.5%~3.7%。

三、中国草原红牛

1. 产地与特点

中国草原红牛是以乳肉兼用的短角公牛与蒙古母牛长期杂交育

成的，主要产于吉林省白城市、内蒙古自治区赤峰市和锡林郭勒盟、河北省张家口市，其中产于锡林郭勒盟的草原红牛属于乳肉兼用，产于其他地区的属于肉乳兼用。1985年经国家核验，被正式命名为中国草原红牛。中国草原红公牛与母牛如图2-21、图2-22所示。该牛适应性强，耐粗饲。夏季可完全依靠草原进行放牧饲养；冬季也不需补饲，仅依靠采食枯草即可成活。对严寒酷暑的耐力很强，抗病力也很强，发病率低，以放牧饲养为主。其肉质鲜美细嫩，为烹制佳肴的上乘原料。

图2-21　中国草原红公牛　　　图2-22　中国草原红母牛

2. 外貌特征

中国草原红牛被毛为紫红色或红色，部分牛的腹下或乳房有小片白斑。体形中等，头较轻，大多数有角，角多伸向前外方，呈倒八字形，角尖端略向内弯曲。颈肩结合良好，胸宽深，背腰平直，四肢端正，蹄质结实。乳房发育较好。成年公牛体重为700~800 kg，母牛为450~500 kg。初生犊牛体重为30~32 kg。

3. 生产性能

据测定，18月龄的阉牛，经放牧肥育，屠宰率约为50.8%，净肉率约为41.0%。在放牧加补饲的条件下，年产奶量为1 800~2 000 kg，乳脂率为4.0%。中国草原红牛繁殖性能良好，性成熟多在14~16月龄，初情期多在18月龄。在放牧条件下，繁殖成活率为

68.5%~84.7%。

四、三河牛

1. 产地及分布

三河牛是中国培育的第一个乳肉兼用牛种，产于内蒙古，因集中分布在内蒙古自治区额尔古纳市的三河地区而得名。三河公牛与母牛如图2-23、图2-24所示。

图2-23　三河公牛

图2-24　三河母牛

2. 外貌特征

三河牛体质结实，肌肉发达。背腰平直，腹圆大，体躯较长，肢势端正，乳房发育良好。头清秀，眼大，角粗细适中，稍向前上方弯曲。被毛花色为红白花或黄白花，花片分明，头部全白或额部有白斑，四肢膝关节以下、腹下及尾梢为白色。

3. 生产性能

三河牛在第五、六胎时产奶量达到最高水平，一般年产奶3 600 kg左右，乳脂率在4.1%以上。在产肉性能方面，42月龄经放牧肥育的阉牛宰前活重可达457.5 kg，胴体重约为243 kg，屠宰率约为53.11%，净肉率约为40.2%。

五、新疆褐牛

1. 产地及分布

新疆褐牛主要产于新疆天山北麓西端的伊犁州。新疆褐公牛与母牛如图2-25、图2-26所示。

图2-25 新疆褐公牛

图2-26 新疆褐母牛

2. 外貌特征

新疆褐牛属乳肉兼用型。体形中等，体质结实。被毛呈褐色（色深浅不一），头顶、角基部为灰白色或黄色。多数有角轮和宽窄不一的背线。各部位发育匀称，头长短适中，额较宽稍凹，头顶枕骨脊凸出。角大小适中且较细致，呈椭圆形，向侧前上方弯曲。颈长短适中稍宽厚，颈垂较明显。鬐甲宽圆，背腰平直而宽，胸宽深，腹中等大，臀长宽适中，臀部肌肉较丰满，十字部稍高。乳房中等大，附着良好，乳头长短适中，分布均匀。四肢健壮，肢势端正，蹄圆且结实。成年公牛体重约为951 kg，母牛约为431 kg。初生犊牛重28~30 kg。

3. 生产性能

在舍饲条件下，新疆褐牛年产奶量为2 100~3 500 kg，乳脂率为4.03%~4.08%，乳干物质占13.45%。个别牛的年产奶量可达5 212 kg。

在自然放牧条件下，泌乳期约100天，产奶量在1 000 kg左右，乳脂率约为4.43%。中上等膘情1.5岁的阉牛，宰前体重约为235 kg，屠宰率约为47.4%；成年公牛在433 kg时屠宰，屠宰率约为53.1%。

模块4　地方优良牛品种识别

一、黄牛

黄牛属我国固有牛种，长期以役用为主，是除水牛、牦牛以外的群体总称，分布于全国各地。我国的黄牛品种大都具有适应性强、耐粗饲、牛肉风味好等优点，一般属于役用或役肉兼用型，体形较小，后躯欠发达，成熟晚，生长速度慢。

1. 中国五大黄牛

中国五大黄牛指的是秦川牛、南阳牛、晋南牛、鲁西牛、延边牛。

（1）秦川牛

1）产地。秦川牛是我国著名的大型役肉兼用品种牛，产于关中平原。秦川公牛与母牛如图2-27、图2-28所示。

图2-27　秦川公牛

图2-28　秦川母牛

2）外貌特征。秦川牛以被毛紫红色和红色居多，两者占总数的80%左右，黄色的较少。头部方正，鼻镜呈肉红色，角短，呈肉色，多为稍向外、向后弯曲；体形大，各部位发育均衡，骨骼粗壮，肌肉丰满，体质强健；肩长而斜，前躯发育良好，胸部宽深，肋长而张开，背腰平直而宽广，长短适中，荐骨部稍隆起，多是斜臀；四肢粗壮结实。秦川牛体形高大，成年公牛平均体高141 cm，体长160 cm，体重595 kg；成年母牛平均体高125 cm，体长140 cm，体重381 kg。

3）生产性能。秦川牛役用性能好，最大挽力为其体重的71.7%~77.0%。在良好的饲养条件下，6月龄公犊体重可达250 kg，母犊体重可达210 kg，日增重可达1 400 g，公牛周岁体重可达511 kg。该牛产肉性能颇好，屠宰率一般为60%~70%。

（2）南阳牛

1）产地。南阳牛是中国著名的大型役用牛，产于河南省南阳市，现中心产地为河南省内的白河和唐河流域广大平原地区。南阳公牛与母牛如图2-29、图2-30所示。

图2-29 南阳公牛

图2-30 南阳母牛

2）外貌特征。南阳牛体形高大，皮薄毛细，肌肉发达，肩峰较高，肩部宽厚、斜长，胸骨突出，背腰平直，肢势端正，蹄形圆大，行动敏捷。公牛头部方正雄壮，颈粗短多皱纹，前躯发达，鬐甲较高。毛色一般为黄（以黄色为多）、米黄、草白，鼻镜多为肉色和淡米红色。

3）生产性能。南阳牛用于肉牛生产时表现出良好的产肉性能，据原河南省南阳市黄牛研究所试验测定：10~12月龄育成牛，肥育

7~8个月后体重可达441.7 kg，屠宰率约为55.6%。

(3) 晋南牛

1) 产地。晋南牛属大型役肉兼用品种，产于山西省西南部汾河下游的晋南盆地。晋南公牛与母牛如图2-31、图2-32所示。

图2-31　晋南公牛　　　　　　图2-32　晋南母牛

2) 外貌特征。毛色以枣红为主，鼻镜呈粉红色，蹄趾亦多呈粉红色。体躯高大结实，具有役用牛体形外貌特征。公牛头长中等，额宽，顺风角，颈粗而短，垂皮比较发达，前胸宽阔，肩峰不明显，臀较窄，蹄大而圆，质地结实；母牛头部清秀，乳房发育较差，乳头较细小。

3) 生产性能。晋南牛成年公牛体高、体长和体重分别约为138.6 cm、157.4 cm、607.4 kg，成年母牛体高、体长和体重分别约为117.4 cm、135.2 cm、339.4 kg。晋南牛具有良好的役用性能，挽力大，行走速度快，持久力强。

(4) 鲁西牛

1) 产地。主要产于山东省西南部的菏泽市和济宁市。鲁西公牛与母牛如图2-33、图2-34所示。

2) 外貌特征。鲁西牛体躯结构匀称，细致紧凑，为役肉兼用型。公牛肩峰高而宽厚，胸深而宽，后躯发育差，体躯明显呈前高后低的"前胜体形"；母牛鬐甲低平，后躯发育较好，背腰短而平直。被毛从浅黄到棕红色，以黄色为多，一般前驱毛色较后躯深，公牛毛色较母牛深。多数牛在眼圈、口周围、腹下与四肢内侧毛色浅淡，俗称"三粉特征"。鼻镜多为淡肉色，部分牛的鼻镜有黑斑或黑点。成年公牛体高约 146 cm，体重约 685 kg，个别体重可达 1 040 kg；成年母牛体高约 123 cm，体重约 366 kg。

图 2-33　鲁西公牛

图 2-34　鲁西母牛

3）生产性能。成年牛平均屠宰率为 58%。牛肉肌纤维细，肉质良好，脂肪分布均匀，大理石纹明显。

（5）延边牛

1）产地。延边牛是东北地区的优良地方牛种之一。延边公牛与母牛如图 2-35、图 2-36 所示。延边牛产于东北三省东部的狭长地带，现分布于吉林省延边朝鲜族自治州延吉市、黑龙江省宁安市、辽宁省丹东市及鸭绿江一带。

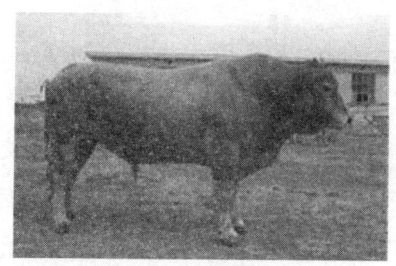

图 2-35　延边公牛

图 2-36　延边母牛

2）外貌特征。延边牛属役肉兼用品种。胸部宽深，骨骼坚实，被毛长而密，皮厚而有弹力。公牛额宽，头方正，角基粗大，多向后方伸展，成一字形或倒八字形，颈厚而隆起，肌肉发达；母牛头大小适中，角细而长，多为"龙门角"。被毛多呈浓淡不同的黄色。

3）生产性能。将延边牛自18月龄肥育6个月，日增重约为813 g，胴体重可达265.8 kg，屠宰率约为57.7%。所产牛肉柔嫩多汁，鲜美适口，大理石纹明显。

2. 蒙古牛

蒙古牛是中国黄牛中分布最广、数量最多的品种。

（1）原产地。蒙古牛产于蒙古高原，广布于黑龙江省、河北省、山西省、陕西省、甘肃省、青海省、吉林省、辽宁省、内蒙古自治区、新疆维吾尔自治区、宁夏回族自治区等省和自治区。蒙古公牛与母牛如图2-37、图2-38所示。

图2-37　蒙古公牛

图2-38　蒙古母牛

（2）外貌特征。蒙古牛头短宽而粗重，角长，向上、向前弯曲。胸扁而深，背腰平直，后躯短窄，臀部倾斜，四肢短，蹄质坚实。被毛多为黑色或黄（红）色，也有的为栗色、烟熏色。蒙古牛成年公牛的体高、体斜长分别约为120.9 cm、137.7 cm，成年母牛的体高、体斜长分别约为110.8 cm、127.6 cm。体重因自然条件不同也会有差异，从250 kg到500 kg不等。

(3) 生产性能。泌乳期为 5~6.5 个月，年产奶量为 500~700 kg。母牛日产奶量为 6 kg 左右，最高日产奶量为 8.16 kg。平均乳脂率为 5.22%，乳脂率最高可达 9%。

中等营养水平的阉牛平均宰前重为 376.9 kg，屠宰率为 53%。蒙古牛役用能力与持久力较强，能吃苦耐劳。中国的三河牛和草原红牛都是以蒙古母牛为基础群育成的。

二、牦牛

牦牛是高寒地区的特有牛种，是世界上生活在海拔最高处的哺乳动物。牦牛有黑色的，有白色的，黑牦牛公牛与母牛如图 2-39、图 2-40 所示。能适应高寒生态条件，耐粗饲，耐劳，善走陡坡险路、雪山沼泽，能游渡江河，有"高原之舟"之称。

图 2-39　黑牦牛公牛　　图 2-40　黑牦牛母牛（剃被毛后）

1. 产地与分布

牦牛产于中国青藏高原海拔 3 000 m 以上地区，主要分布在中国的青藏高原及其比邻高山地区。中国是世界上牦牛数量最多的国家，现有牦牛约 1 400 万头，占世界牦牛总数的 94% 以上。

2. 牦牛的种类

我国饲养牦牛历史悠久，已形成四川九龙牦牛、甘肃天祝白牦牛、西藏高山牦牛、青海高原牦牛、新疆巴州牦牛等多个优秀类群。

3. 牦牛的生物学特征

牦牛比普通牛多1~2个胸椎，多1个荐椎，多1~2对肋骨，胸椎和荐椎较普通牛大1~2倍；胸腔容积大，气管短而粗大，心、肺发达，血液中含有的血红素较多。故牦牛能够很好地适应高寒地区的气候条件。

4. 外貌特征

牦牛与普通牛相像，又有很多独有的特征。牦牛种类不同，体尺、体重也不同。体躯强健，颈短，头大，额长而平，四肢短粗；雌雄均有角；全身一般呈褐黑色或棕黑色，不过天祝白牦牛是牦牛中最特别的一种，全身呈白色，如图2-41所示。牦牛的毛粗硬，体侧、胸部、肩部、四肢上部和尾部密生长毛，长33 cm左右，尤其体侧的被毛几可及地。牦牛的尾巴也很长。

图2-41 天祝白牦牛

5. 生产性能

因牦牛属肉、乳、役、毛、绒兼用的牛，所以其生产性能是多方面的。屠宰率约为55%，净肉率约为42%，眼肌面积为50~80 cm^2，泌乳期为3~6个月，年产奶量为250~600 kg，乳脂率为5.6%~7.5%。公牦牛剪毛量为3.6 kg，剪绒量为0.4~1.9 kg；母牦牛剪毛量为1.2~1.8 kg，剪绒量为0.4~0.8 kg。可在负载60~120 kg的情况下，日行走15~30 km。

三、水牛

1. 产地、分布及特点

水牛是热带、亚热带地区特有的畜种，主要分布在亚洲地区，约占全球饲养量的90%。公水牛与母水牛如图2-42和图2-43所示。水牛具有乳、肉、役多种用途，适于水田作业。按水牛的外貌、习性和用途可分为沼泽型水牛和河流型水牛。沼泽型水牛有泡水习性，这类水牛体形较小，生产性能低，适应性强，以役用为主，主要分布在中国、泰国、越南、缅甸、老挝、柬埔寨、马来西亚、菲律宾、印度尼西亚、尼泊尔等国家，一般以产地命名。河流型水牛产于江河流域，喜水，这类水牛体形大，以乳用为主。水牛的奶营养丰富，干物质含量及总能量都高于荷斯坦牛的奶。水牛皮厚，汗腺极不发达，热时需要浸水散热，所以得名水牛。

图2-42 公水牛

图2-43 母水牛

2. 外貌特征

体形最小的水牛是低地水牛，又称侏儒水牛，其体长180 cm，肩高80~90 cm，尾长40 cm，体重150~300 kg；毛色黑褐，雄性比雌性颜色更深，幼仔出生时为红褐色（偏橙色）。

体形最大的水牛也称野水牛，体长240~300 cm，肩高150~190 cm，体重1 000~1 200 kg。体躯粗壮，被毛稀疏，多为灰黑色；

角粗大而扁,并向后方弯曲;蹄大,质地坚实,耐浸泡,膝关节灵活,能在泥浆中行走自如;耳廓较短小,头额部狭长,背中线被毛向前,背部向后下方倾斜。

3. 生产性能

品种不同生产性能也不同。例如,摩拉水牛和尼里-拉菲水牛年产奶量为3 000~3 500 kg,屠宰率为50%~53%;而有的水牛年产奶量则较低,仅为600~1 200 kg,屠宰率也仅为46%~50%。我国水牛原为南方水稻区的重要役畜,挽力强,发病率低,以耐粗饲、耐劳著称。水牛角可入中药。

 小知识

入选《国家级畜禽遗传资源保护名录》的牛品种(21个品种)

秦川牛、南阳牛、晋南牛、鲁西牛、延边牛、蒙古牛、九龙牦牛、天祝白牦牛、青海高原牦牛、独龙牛(大额牛)、海子水牛、富钟水牛、德宏水牛、温州水牛、复州牛、渤海黑牛、温岭高峰牛、雷琼牛、郏县红牛、巫陵牛(湘西牛)、帕里牦牛。

第3单元 牛的体形、体质与外貌鉴定

模块1 牛的体形、体质

一、牛体各部位名称

牛的整个躯体分为头颈、前躯、中躯和后躯四部分。鉴别时必须掌握各部位名称，如图3-1所示。

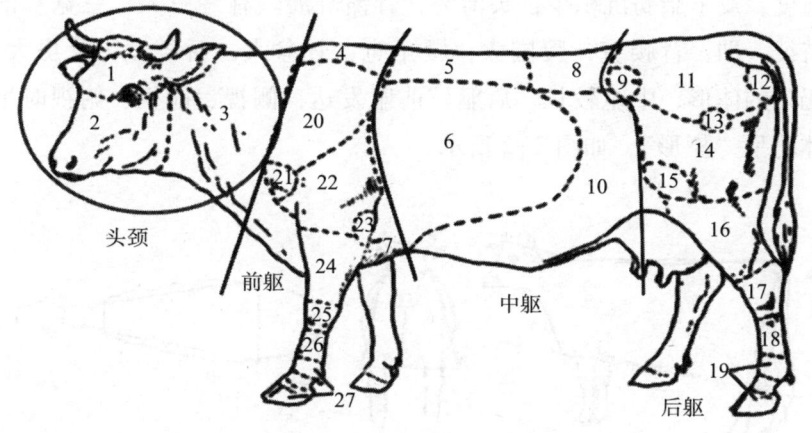

图3-1 牛体各部位名称

1—颅部 2—面部 3—颈部 4—鬐甲部 5—背部 6—肋部 7—胸骨部 8—腰部 9—髋结节 10—腹部 11—荐臀部 12—坐骨结节 13—髋关节 14—股部 15—膝部 16—小腿部 17—跗部 18—跖部 19—趾部 20—肩胛部 21—肩关节 22—臂部 23—肘部 24—前臂部 25—腕部 26—掌部 27—指部

1. 头颈

体躯最前端,包括头和颈两部分。

2. 前驱

颈部后缘至肩胛骨后缘,包括鬐甲、前肢、胸等。

3. 中躯

肩胛骨后缘至腰角前缘,以背椎、腰椎和肋骨为支架的中间躯段,包括背、腰、腹等部位。

4. 后躯

腰角前缘之后为后躯,包括臀、后肢、尾、乳房等。

二、不同用途牛的理想体形特点

1. 乳用型

全身清瘦,棱角突出,皮薄骨细,被毛短而有光泽;肌肉发育适度,皮下脂肪沉积少;头清秀,骨骼舒展。有"三大、三宽"的特征,即:背腰宽,腹围大;腰角宽,骨盆大;后裆宽,乳房大。奶牛的体形,中躯较长,后躯较前驱发达,侧视、前视、俯视时牛体均呈"楔形",如图3-2所示。

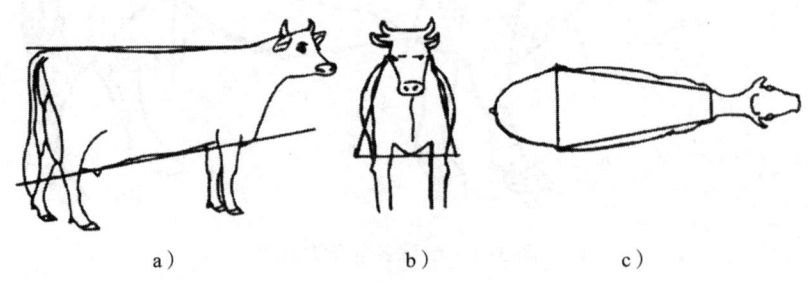

图 3-2 奶牛体形楔形示意图
a) 侧视图 b) 前视图 c) 俯视图

2. 肉用型

头短宽，颈粗厚，背腰宽平，后躯丰满，四肢短，体形呈圆筒形或长方体形。有"五宽、五厚"的特征，即：额宽颊厚，颈宽垂厚，胸宽肩厚，背宽肋厚，臀又宽又厚。肉牛典型体形示意图如图3-3所示。

图3-3　肉牛典型体形示意图

三、牛的体质分类

体形和体质是紧密联系、不可分割而又有所区别的两个概念。体形是体质的外在表现，它偏重于样子，而体质则偏重于机能。二者都与生产力和健康有关。牛的体质可分类如下。

1. 结实型

身体各部位协调匀称，皮、肉、骨骼和内脏的发育适度。骨骼坚实而不粗，皮紧而富有弹性，肌肉发达而不肥胖。外表健壮结实，抗病能力强，生产性能好。各种用途牛的结实型标准不同。

2. 细致紧凑型

骨骼细而结实，头清秀，角、蹄致密有光泽，肌肉结实有力，反应灵活，动作敏捷。奶牛属此体质。

3. 细致疏松型

结缔组织和脂肪发达，全身丰满，肌肉松软，皮薄骨细，四肢比例小，早熟易肥，反应迟钝。肉牛属此体质。

4. 粗糙紧凑型

骨骼粗壮结实，体躯魁梧，头粗重，四肢粗大，筋腱强壮有力，皮肤粗厚，皮下脂肪不多。适应性和抵抗能力强。

5. 粗糙疏松型

骨骼粗大，结构疏松，肌肉松软无力，易疲劳，皮厚毛粗，反应迟钝，繁殖力和适应性差。粗糙疏松型体质属最不理想的体质。

模块 2　牛体尺、体重的测量与外貌鉴定

一、牛的体尺测量

测量时把牛牵到平坦的地方，使牛正肢势站好，头自然前伸。由于测量目的不同，测量项目可多可少。

1. 体高：自鬐甲最高点至地面的垂直距离。用测杖测量。

2. 十字部高（腰高）：两腰角连线的中点至地面的垂直距离。用测杖测量。

3. 臀高：臀部最高点至地面的垂直距离。用测杖测量。

4. 体斜长：自肩端至臀端的距离。用测杖取直线长度，用卷尺取自然长度，估测体重时常用卷尺量取。

5. 体直长：肩端前缘向下引的垂线与臀端向下引的垂线间的水平距离。用测杖测量。

6. 胸围：与两侧肩胛骨后缘相切的胸部圆周距离。用卷尺测量。

7. 腹围：腹部最粗部位的垂直周径。饱食后用卷尺测量。

8. 腿臀围：从一侧后膝前缘，经肛门，绕至对侧后膝前缘的水平距离。用卷尺测量。

9. 管围：左前肢管骨最细处的周长。用卷尺测量。

10. 胸宽：肩胛后角最宽处的水平距离。用圆形测定器或测杖测量。

11. 胸深：鬐甲上端至胸骨下缘的垂直距离。用圆形测定器或测杖测量。

12. 腰角宽：两腰角外缘间的水平距离。用圆形测定器或测杖测量。

13. 髋宽：两侧髋关节外缘的直线距离。用圆形测定器或测杖测量。

14. 坐骨宽：坐骨端处最大宽度。用圆形测定器或测杖测量。

15. 臀长：腰角前缘至臀端后缘的直线距离。用圆形测定器或测杖测量。

二、牛的体重测量

1. 实测法（直接称重法）

用地中衡实测，要求在早晨、空腹、挤奶前进行。连称 3 天，取平均值。

2. 估测法

用相关体尺数据进行估算，其公式如下。

（1） 6~12 月龄乳牛。体重 (kg) = [胸围 (m)]^2 × 体斜长 (m) × 98.7

（2） 12~18 月龄乳牛。体重 (kg) = [胸围 (m)]^2 × 体斜长 (m) × 87.5

（3） 成年乳牛、乳肉兼用牛。体重 (kg) = [胸围 (m)]^2 × 体斜长 (m) × 90

（4） 成年肉牛、肉乳兼用牛。体重 (kg) = [胸围 (m)]^2 × 体直长 (m) × 100

(5) 黄牛。体重（kg）=[胸围（cm）]²×体斜长（cm）/11 420

(6) 水牛。体重（kg）=[胸围（m）]²×体斜长（m）×80+50

三、牛的外貌鉴定方法

1. 肉眼观察鉴定

总原则：先概观后细察，先远后近，先整体后局部，先静后动。鉴定时，人与牛保持一定距离，按照顺序（前面→侧面→后面→另一侧面）进行整体结构观察，然后接近牛体，详细检查各个重要部位，最后定等级。

2. 外貌评分鉴定

根据各品种理想型标准，制定出评分表，将每一部位对照评分表逐项评分。奶牛外貌鉴定评分表见表3-1，肉牛外貌鉴定评分表见表3-2。

表3-1　　　　　　　　奶牛外貌鉴定评分表

项目	鉴定要求	分数
一般外貌与乳用特征	1. 头、颈、鬐甲、后大腿等部位棱角和轮廓明显	15
	2. 皮肤薄而有弹性，毛细而有光泽	5
	3. 体高大而结实，各部位结构匀称、结合良好	5
	4. 被毛的花色为黑白花，界线分明	5
	小　计	30
体躯	5. 体长，胸宽、深	5
	6. 肋骨间距宽，长而张开	5
	7. 背腰平直	5
	8. 腹大而不下垂	5
	9. 臀长、平、宽	5
	小　计	25

续表

项目	鉴定要求	分数
泌乳系统	10. 乳房形状好，向前后延伸，附着紧凑	12
	11. 乳房质地：乳房发达，柔软而有弹性	6
	12. 四乳区：四个乳区匀称，前乳区中等大，后乳区高、宽、圆	6
	13. 乳头：大小适中，垂直呈柱形，间距匀称	3
	14. 乳静脉弯曲而明显，乳井大	3
	小　计	30
肢蹄	15. 前肢：结实有力，肢势良好，关节明显，蹄质坚实，蹄底呈圆形	5
	16. 后肢：结实有力，肢势良好，左右两肢间宽，系部有力，蹄形正，蹄质坚实，蹄底呈圆形	10
	小　计	15
总　评		100

外貌鉴定等级标准：

1. 特等 80 分及以上，一等 75~79 分，二等 70~74 分，三等 65~69 分。

2. 乳房、四肢和体躯中有一项明显生理缺陷的，不能评为特等；有两项的不能评为一等；有三项的不能评为二等。

表 3-2　　肉牛外貌鉴定评分表

项目	鉴定要求	分数	
		公牛	母牛
整体结构	品种特征明显，结构匀称，体质结实肉用体形明显，肌肉丰满，皮肤柔软有弹性	25	25
前躯	胸宽、深，前胸突出，肩胛宽平，肌肉丰满	15	15
中躯	呈圆筒形，肋骨张开，背腰宽而平直，公牛腹部不下垂	15	20
后躯	臀部长、平、宽，大腿肌肉突出，母牛乳房发育良好	25	25

续表

项目	鉴定要求	分数	
		公牛	母牛
肢蹄	肢势端正，两肢间距宽，蹄形正，蹄质坚实，运步正常	20	15
总评		100	100

外貌鉴定等级标准：特等公牛85分及以上，母牛80分及以上；一等公牛80~84分，母牛75~79分；二等公牛75~79分，母牛70~74分；三等公牛70~74分，母牛65~69分。

3. 奶牛体况评分鉴定

奶牛体况评分是检查牛只膘情的最简单有效的办法，可借以评价奶牛饲养管理是否合理，可作为调整饲料、加强饲养管理的依据，可保证牛只健康与增重，是增加产奶量的有力措施之一。一般每月评定一次，评分通常采用5分制。

（1）奶牛体况评分时间

1）育成牛。从6月龄开始每隔1~2个月进行1次体况评分。重点评分时间为6~12月龄、第一次配种和产前2个月。

2）成年奶牛。最好每月进行1次，生产实践中在干奶中期、产犊时、泌乳45天、泌乳90天、泌乳180天、泌乳270天进行体况评分。

（2）奶牛体况评分部位。主要是根据目测和触摸牛的尾根、坐骨结节、髋结节、脊柱及肋骨等关键骨骼部位来判断奶牛皮下脂肪蓄积情况进而进行评分。

（3）奶牛体况评分标准（见表3-3）。

（4）奶牛体况评分方法。评分人员通过对奶牛评分部位的目测和触摸，结合整体印象，对照评分标准给分。评分时牛体应自然舒张，否则肌肉紧张会影响评分结果。具体评分方法如下：

表 3-3　　　　　　　　　　奶牛体况评分标准

项目	分数				
	1	2	3	4	5
脊峰	呈尖峰状	明显	不明显	稍呈圆形	埋于脂肪中
两腰角之间	深度凹陷	明显凹陷	略有凹陷	较平坦	圆滑
腰角与坐骨	深度凹陷	凹陷明显	较少凹陷	稍呈圆形	丰满呈圆形
尾根部	凹陷很深，呈"V"形	凹陷明显，呈"U"形	凹陷很小，稍有脂肪沉积	凹陷更小，有脂肪沉积	无凹陷，有大量脂肪沉积
整体	极度消瘦，有皮包骨之感	瘦但不虚弱，骨骼轮廓清晰	全身骨节不甚明显，胖瘦适中	皮下脂肪沉积明显	过度肥胖

第一步，观察牛体的大小和整体丰满程度。

第二步，从牛体后侧观察其尾根周围的凹陷情况，然后再从侧面观察腰角、臀部的凹陷情况及脊柱、肋骨的丰满程度。

第三步，触摸臀角、腰角、脊柱、肋骨以及臀部，感受奶牛皮下脂肪的沉积情况。

4. 奶牛体形线性鉴定

（1）来历。奶牛体形线性鉴定法最早于1976年在美国提出，1983年正式应用于美国荷斯坦牛的鉴定，同年传入我国。

（2）原理。奶牛体形线性鉴定的基本原理是根据奶牛的生物学特性，确定具有重要经济价值和生理功能价值的各性状的鉴定标准，按一定的分值范围，由低到高，从性状的一个极端到另一个极端进行衡量，进而确定该性状的线性评分。

（3）方法。奶牛体形线性鉴定法是将奶牛体形的特点进行数量化处理的一种鉴定方法。该法针对每个性状，按生物学特性的变异范围，定出该性状的两个极端，然后以线性的尺度进行评分。线性评分的特点是：以该性状趋于两个极端的程度定分数。此外，线性鉴定法完全为数量化的评分标准,评分明确、肯定,不会有模棱两可的情况。鉴定打分时各性状之间不用相互比较,可根据每个性状的生物学特性独立打分,这一点也正是线性评定法独有的特点,这样评分才能使评定的结果向两个极端拉开距离。线性鉴定不是以分数值的高低来鉴定性状的好坏,只是表现性状距两个极端的差异。

需要进行线性鉴定的体形性状有两类:一类是主要性状,这类性状都具有较高的经济价值并可作为选种依据;另一类是次要性状,此类性状的遗传及经济价值有待进一步确定。

5. 年龄鉴定

(1) 外表观察法。从外表鉴定牛的年龄,主要从被毛有无光泽、精神状态、体膘、反应等方面观察。此法只能判断老幼,不能判断确切年龄,需要结合其他方法鉴定。

(2) 角轮鉴定法。根据角轮数量鉴定。有时角轮不明显,深浅不一致,只能大概鉴定,需要结合其他方法鉴定。

(3) 牙齿变化鉴定法。根据牙齿的生长和磨损情况鉴定,主要依门齿的更换和磨损情况来鉴定。5周岁以前依据乳齿的更换情况,特征很明显;5周岁以后依据牙齿的磨损情况,不好掌握,全凭经验鉴定。

牛的乳齿与恒齿的区别:乳齿小、薄、洁白、排列稀疏、不整齐;恒齿大、厚、微黄、排列紧密、整齐。

牛在1.5岁开始换生第一对门齿(钳齿),2.5岁开始换生第二对门齿(内中间齿),3.5岁开始换生第三对门齿(外中间齿),4.5岁开始换生第四对门齿(隅齿),5岁所有乳齿全部换成恒齿并长齐,俗称"齐口"或"满口"。

小知识

牛乳齿更换为恒齿的规律

为了便于记忆，牛乳齿更换为恒齿的规律可简化成：一岁半一对牙，两岁半两对牙，三岁半三对牙，四岁半四对牙，五岁齐口。

第 4 单元 牛常用饲料及其加工制作

模块 1　牛常用饲料及其特点

牛的饲料成本是牛生产成本中的主要部分，饲料和饲养管理是牛场最重要的工作之一。抓好饲料配合、实行科学饲养可降低饲料成本、增加经济效益。

生产中常用到的牛饲料有青绿饲料、粗饲料、青贮饲料和精料补充料 4 类。

一、青绿饲料

青绿饲料是指天然水分含量≥45%的牧草，主要包括天然草地牧草、人工栽培牧草等。其特点是种类繁多、来源丰富、价格便宜、营养丰富、幼嫩多汁、容易消化、适口性好，所以牛喜欢采食。

二、粗饲料

粗饲料是指在自然状态下水分含量<45%、干物质中粗纤维含量≥18%的饲料，主要包括青干草、稿秕、蔓秧、糟渣等，其特点是粗纤维含量高、体积大，能填充奶牛瘤胃，而且消化能、代谢能低。

三、青贮饲料

青贮饲料是指将牧草、饲料作物或农副产品在有一定水分含量时铡碎装入密闭的容器（窖、塔、袋），原料含有的糖和乳酸菌在厌氧条件下进行乳酸发酵得到的一种储藏饲料。青贮饲料保持了原有青绿饲料的一些特点，故有"草罐头"之称。

四、精料补充料

精料补充料是指为避免奶牛食用前几种饲料的营养不足而补充的精饲料（也可简称为精料），主要包括能量饲料、蛋白质饲料、矿物质饲料、维生素饲料和饲料添加剂等5种。精料补充料有水分含量低（块根、块茎及瓜果类饲料除外）、养分含量高、纤维含量低等特点。

模块2　牛常用饲料的加工制作

一、秸秆饲料的加工制作

秸秆饲料属于粗饲料。

1. 物理处理

（1）切短、粉碎和软化。使用相应工具或机械对秸秆饲料进行切短、粉碎和软化处理。这种处理，只能改善适口性和减少浪费，不能提高秸秆饲料的消化利用率和营养价值。

（2）制成颗粒。使用相应工具或机械把秸秆饲料粉碎后与其他饲料配成平衡饲料，然后制成颗粒，改善适口性和采食量。

（3）碾青。首先将秸秆铺在地面上，厚度为30~40 cm，然后铺上同样厚度的青绿饲料，最上面再铺秸秆，然后用碾子碾轧，此过程称为碾青。碾青可提高秸秆饲料的营养价值和适口性。

（4）揉搓。使用揉搓机将秸秆揉搓成丝条状直接喂牛，可减少浪费。

2. 化学处理

（1）碱化处理。用强碱液处理秸秆，以提高饲料的消化率和牛的采食量。

（2）氨化处理。利用尿素、液氮、碳铵和氨水等在密闭的条件下对秸秆进行氨化处理。

（3）秸秆的生物处理。秸秆的生物处理又称微贮，即在发酵过程中利用微生物分解秸秆中的半纤维素、纤维素等，再连同菌体一起喂牛，能提高秸秆饲料的营养价值。

二、青干草的加工制作

青干草属于粗饲料。

1. 青草的干制

将天然牧草或人工种植牧草根据气候情况和生长情况在适宜时间收割后进行干制。牧区和半农半牧区通常在割草地直接自然干燥，农区可进行人工干制。

2. 物理、化学处理

青干草除可直接给牛吃外，还可与秸秆一样进行物理和化学处理，这样可提高饲料的营养价值、适口性和消化率。

三、青贮饲料的加工制作

1. 青贮设备

常用青贮设备有青贮窖、青贮塔等。

2. 青贮原料

全株玉米、玉米秸秆、各种青草等。

3. 制作方法

（1）适时刈割

1）青刈带穗玉米：在乳熟后期收割。

2）玉米秸秆：收获果穗后立即收割。

3）各种青草：禾本科草类在抽穗期收割，豆科草类在孕蕾期和初花期收割。

（2）原料切短或粉碎。将原料切成 3 cm 长左右，联合收割机可一次完成切割作业，效率很高。

（3）调节含水量。含水量控制在 65%~75% 为宜。在生产现场判断青贮原料含水量的简单方法是：抓一把切碎的原料，紧捏在手掌中握成拳约 1 min，此时手指缝中有汁液流出，说明原料含水量大于 75%；若指缝无汁液流出，松开手掌，饲料成团，含水量为 65%~75%；若松开手饲料不成团而是慢慢松散开，含水量为 60%~65%；若松开手，饲料也散开，含水量在 60% 以下。含水量高，可加含水量低的其他原料或稍晾干；含水量低可加适量水。

（4）装填与压实。原料在装窖前要先在窖底铺一层 15~20 cm 厚的麦秸或其他秸秆，窖壁四周铺一层塑料薄膜，加强密封，防止透气漏水。每层装 15~20 cm，边装边压实。压实方法：小型窖可人力踩踏，大型长壕可用链轨拖拉机压实，要特别注意压紧窖的边缘。这样层层装填、压实，直到高出窖口 50~60 cm 为止。

（5）封窖和管理。装满原料后即可加盖封顶。首先盖一层塑料薄膜，然后盖一层厚 20~30 cm、切短的秸秆或软草，再盖上厚 30~50 cm 洁净的湿土，并做成馒头形（圆窖）或屋脊形（长窖），盖土的边缘要超出窖口外围，以利排水。

用塑料袋调制青贮饲料时，装满原料后要用细绳扎紧袋口。青贮后一周内，随时检查、修整封土裂缝、下陷等，避免雨水流入和漏气。青贮饲料一般在制作 45 天后可以使用。

4. 青贮饲料的感官鉴定

青贮饲料一般经过 40~50 天的发酵即可开窖取用，取用前要通过感官从颜色、气味、质地上对青贮饲料的质量进行简易的鉴定。

（1）看颜色。青贮饲料的颜色因原料而异。一般越接近原料原色的品质越好，品质优良的呈绿色或淡绿色，品质中等的呈黄褐色或暗绿色，品质低劣的呈黑色或褐色。

（2）闻气味。优质的青贮饲料具有芳香味、酒味、酸味，气味柔和、不刺鼻，给人以舒适感；品质中等的青贮饲料，酸味较浓，稍有酒味，芳香味较弱。如果青贮饲料带有刺鼻臭味或霉烂味，则表明已变质，不能饲用。

（3）察质地。品质优良的青贮饲料，在窖里压得很紧，拿到手中却很松散，质地柔和而略湿润，植物的茎、叶、花和果实等仍保持原来状态；品质低劣的青贮饲料，茎、叶结构不能保持原来状态，多黏结成团，手感滑或干燥粗硬。

5. 青贮饲料的取用

从长方形青贮窖取用青贮饲料时，应自一端逐渐取用，切不可从中间开个大口，以免其表面长期暴露，进而影响品质。取用后要及时用草席或塑料薄膜覆盖。

四、精饲料的加工制作

1. 磨碎

质地坚硬或有皮壳的饲料，喂前需要磨碎，否则难以消化，会于粪中排出，造成浪费。给牛喂整粒玉米时，就会出现这种现象。

2. 压扁

将谷物用蒸汽加热到120 ℃，再用压扁机压成薄片，接着迅速干燥。

3. 浸润与浸泡

浸润一般用于粉尘多的饲料，而浸泡多用于坚硬的籽实或油饼，都能使饲料软化或溶去有毒物质。对磨碎或粉碎的精料，喂牛前，应尽可能湿润一下，以防饲料中粉尘多而影响牛的采食和消化，对预防粉尘呛入气管造成呼吸道疾病也有好处。

4. 饲料颗粒化

将饲料粉碎后，根据牛的营养需要，按一定的饲料配合比例搭配，并充分混合，然后用饲料压缩机加工成一定的颗粒形状。颗粒饲料属全价配合饲料的一种，可以直接用来喂牛。颗粒饲料适口性好，饲喂方便，有助于消化，可以增加牛的采食量，且营养齐全，能充分利用饲料营养，减少饲料损失，所以在当今养牛生产中应用较多。

模块3　全混日粮（TMR）饲喂技术

TMR（Total Mixed Ration）是全混日粮的英文缩写。TMR是根据奶牛在不同生长发育和泌乳阶段的营养需要，按照奶牛饲养标准设计的日粮配方，用特制的搅拌机对日粮中的粗饲料、精饲料及辅助饲料等各组分进行搅拌、切割、混合均匀而制成的一种营养平衡的全价日粮。饲料搅拌机如图4-1所示。

图4-1　饲料搅拌机

一、搅拌车的选择

1. 选择搅拌车的类型

新建的散栏牛舍,可选择移动式搅拌车;老式旧舍,可选择固定式搅拌车。搅拌车类型如图4-2所示。

a) b)

图4-2 搅拌车类型
a) 移动式 b) 固定式

2. 选择搅拌车的容积

根据养殖规模选择搅拌车的容积,通常100头以下选用1 m^3 容积;100~300头选用5 m^3 容积;300~500头选用7 m^3 容积;500~800头选用9 m^3 容积;800~1 000头选用12 m^3 容积;1 000~1 500头选用12~16 m^3 容积;1 500~2 500头选用16~25 m^3 容积;2 500~3 500头选用25~32 m^3 容积。

二、TMR加工

1. 原料管理

在饲料原料的贮存过程中应防止雨淋、发酵、霉变、污染和鼠(虫)害。配料前取用饲料按先进先出的原则进行,优先使用贮存时间长的,并做出库、入库等库存记录。

2. 原料投放

遵循先干后湿、先轻后重、先长后短、先粗后精原则，要准确称量，并记录每批原料投放量。按干草、青贮、精料补充料、湿糟渣类顺序添加。

3. 搅拌时间

一般情况下，最后一种饲料原料加入后继续搅拌 5~8 min 即可，搅拌总时长控制在 25~40 min 较为理想。

4. 加工注意事项

（1）掌握适宜搅拌量。根据搅拌车的容积，掌握适宜的搅拌量，避免过多装载，影响搅拌效果。通常以搅拌量占总容积的 85% 为宜。每立方米空间可搅拌 TMR 250~400 kg。

（2）准确称量。保证各组分饲料准确称量，定期校正称重器。

（3）防止混入杂物。在添加饲料原料的过程中，防止铁器、石块、包装绳等杂物混入搅拌车，造成车辆损坏。

5. 加工常见问题及对策

（1）搅拌过度。搅拌过度后饲料太碎太细，容易造成牛只消化不良。

对策：减少搅拌时间。

（2）搅拌不足。搅拌不足时，饲料易结块，造成牛只挑食，不但浪费饲料，而且会造成牛只养分摄入量不足。

对策：适当增加搅拌时间。

（3）水分含量变化过大。饲料中水分含量过大时，干物质摄入量不足，影响牛的正常生长。

对策：应定期检查饲料水分含量，随时调整水分。

（4）粗料喂量过少。如果强调精料摄入量，而忽略了粗料，容易导致粗料摄入量不足。

对策：应按比例减少各种精料或重新配制日粮。

(5) 混合过程中的错误。原料混合时出现错误，如拿错了原料，导致采食营养与配方营养不一致。

对策：定期采样进行检查分析。

三、TMR 评价方法

1. 感官检查法

从感官上，搅拌效果好的 TMR 表现为：混合均匀，松散又不分离，不结块，色泽均匀，新鲜不发热，无异味。

2. 观察法

随时观察牛群时，应有 50% 左右的牛正在反刍且所有牛只的粪便都很正常，这表明日粮加工程度适宜。

3. 宾州筛过滤法

宾州筛是美国宾夕法尼亚州立大学设计，用来测定 TMR 组分粒度的专用筛。宾州筛由两个叠加式的筛子和一个底盘组成，上面筛子的孔径为 1.9 cm，下面筛子的孔径为 0.79 cm，最下面是用塑料制成的底盘。从日粮中随机取样，将样品放在上面的筛子上，水平摇动 2 min，日粮被分成上（粗）、中、下（细）三层，分别对这三层的日粮称重，计算它们分别在日粮中所占的比例。目前，由中国农业大学设计的 TMR 分级筛也已应用到生产中。

四、TMR 饲喂技术

1. TMR 配制技巧

（1）按饲养标准配制。

（2）充分利用当地农副产品，追求配方成本最小化。

（3）精料补充料中干物质的量不可超过日粮干物质的 60%。

（4）冬季水分控制在 40%~45%，夏季控制在 45%~50%。

（5）保证日粮中降解蛋白和非降解蛋白的相对平衡。

（6）添加保护性脂肪和油籽等高能量饲料时，TMR 中脂肪含量不可超过日粮干物质的 7%。

2. 日粮原料成分测定

配制 TMR 时要经常测定原料成分，以保证配方的准确性。

3. 分群

分群要严格，一般每群以 100~200 头为宜，分群的组数可根据饲养规模的大小而定，且群间的个体平均产奶量差距不宜超过 10 kg，差距越小越好。育成牛和头产牛要分别单独组群。成年母牛饲养规模在 150 头以下的奶牛场，宜分两个牛群，即泌乳群和干奶群。规模在 150~300 头的奶牛场，宜分 3 个群，即高产群、低产群和干奶群。规模在 300~500 头的奶牛场，宜分 4 个群，即高产群、中产群、低产群和干奶群。规模在 500 头以上的奶牛场，宜分 5 个群，即高产群、中产群、低产群、干奶前期群和干奶后期群。

4. 调群

分群饲养后应将个别过肥的奶牛调整到低产群，将过瘦的奶牛调整到高产群。

5. 饲槽管理

（1）颈夹尺寸要适宜，每牛头应有 70~90 cm 的采食槽位。槽底应光滑、颜色浅。

（2）班前班后要检查饲槽剩料情况，以剩料占添加总量的 3%~5% 为宜。

（3）要每天清理饲槽，夏季还应定期刷洗，做到不空槽、勤匀槽。

（4）夏季成年母牛的剩料应直接投放给后备牛或干奶牛，以节省日粮。

 **小知识**

TMR 技术能解决的问题及带来的新问题

1. TMR 技术能解决的问题

（1）提高大规模牛场的劳动效率。

（2）避免奶牛挑食。

（3）维持瘤胃 pH 稳定，防止瘤胃酸中毒。

（4）有利于日粮的平衡。

（5）提高牛瘤胃微生物合成菌体蛋白的效率。

（6）有利于增加奶牛的采食量。

（7）可充分利用农副产品和一些适口性差的饲料原料，以降低饲料成本。

（8）简化饲喂程序，减少饲养随意性，使管理的精准程度大大提高。

2. TMR 技术带来的新问题

（1）需要分群饲喂。

（2）需要搅拌机和用于称量、取料的专业设备。

（3）需要经常检测日粮的营养成分，然后调整日粮配方。

（4）需要较大投资和进行设备维护。

（5）牛场内需要适合的道路（包括饲喂通道）。

（6）需要丰富的饲料资源。

第5单元 奶牛饲养管理技术

模块1 犊牛的饲养管理

犊牛一般是指0~6月龄的小牛,有的奶牛企业会在管理时把13月龄以前的小牛都归犊牛部。

一、初生犊牛的护理

1. 清除黏液

出生后要立即清除犊牛口腔和鼻腔内的黏液。可戴上干净手套后,用手清理犊牛口、鼻内的黏液,以确保呼吸畅通,不可使用毛巾等未经消毒的物品。

2. 断脐和消毒

出生后若没有自然断脐,就要进行人工断脐和消毒,即用消毒后的手术剪刀将脐带剪至7~10 cm长,然后用10%的碘酊消毒脐带。

3. 擦干被毛

用干净的抹布擦干被毛黏液,或使用干燥剂揉搓被毛3 min,充分揉搓可产生热量进而使被毛快速干燥,如图5-1所示。

4. 去软蹄

出生后软蹄若没有自然脱落,就要人工去掉。

5. 称重

用专用接产车将犊牛转运至犊牛磅上称重,记录犊牛体重,如图5-2所示。

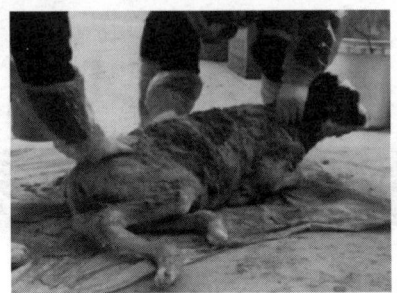
图 5-1 擦干被毛

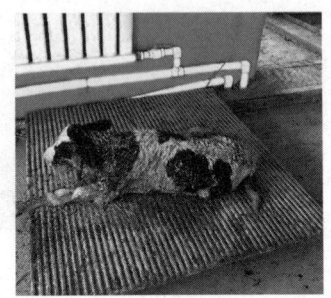
图 5-2 给初生犊牛称重

6. 打耳牌

给犊牛编号并打耳牌,打之前要用酒精给耳牌消毒,打之后用10%的碘酊对耳钉孔消毒。

7. 与母牛隔离

出生后让母牛舔干犊牛即可隔离。

二、犊牛初乳期的饲养管理

1. 初乳的特点

初乳是指母牛产后7天内产的奶,它的营养价值很高,作用很大,具体特点如下。

(1) 营养丰富。刚刚产出的初乳中的干物质含量是常乳的2倍,矿物质是常乳的3倍,蛋白质是常乳的5倍,能量和维生素方面也比常乳高。

(2) 有免疫功能。免疫球蛋白不能通过胎盘传给胎儿,初乳中的免疫球蛋白成为犊牛后天免疫力的主要来源。

(3) 保护肠黏膜。初生犊牛皱胃及肠壁没有分泌黏液,所以对侵入的病原微生物抵抗力很弱。初乳密度大而黏稠,可保护肠黏膜;初乳酸度也高,可抑制有害微生物的繁殖。

(4) 舒肠健胃。初乳能促进犊牛皱胃消化腺分泌盐酸和凝乳酶,有利于初乳的消化吸收，促进胃肠的活动。

（5）有轻泻作用。初乳中含有的镁盐有轻泻作用，有利于胎粪的排出。

2. 初乳的哺喂

（1）尽早哺喂初乳。因初乳的作用随母牛泌乳时间的延长而减弱，犊牛在出生后的最初几个小时内对初乳中免疫球蛋白的吸收率最高，而后逐渐下降，30 h 后就吸收得很少了。母牛第一次挤奶一般不应迟于分娩后 1 h。

（2）初乳哺喂量。第一次要让犊牛吃足初乳，哺喂量一般为 1.5~2 kg，约占其体重的 5% 左右；第二次在出生后 6~9 h。每日喂 3~4 次，每天哺喂量为犊牛体重的 8%~12%。

（3）初乳哺喂温度。初乳最好是现挤现喂，温度应保持在 37~38 ℃，不要过低或过高。

（4）初乳哺喂方法。小型牛场采用壶式哺喂法和盆式哺喂法，大型牛场采用灌服法。

1）壶式哺喂法。要求哺乳壶的奶嘴质量好，固定得结实，防止犊牛撕破或扯下。哺喂时，要尽量让犊牛自己吮吸，避免强灌，如图 5-3 所示。

2）盆式哺喂法。哺乳盆应固定结实。第一次哺喂时，通常用一只手持盆，用另一只手的食指和中指蘸乳放入犊牛口中使其吮吸，然后慢慢抬高盆，使犊牛嘴紧贴牛乳吮吸。习惯后，无须再用手指蘸乳，犊牛即会自行吮吸，如图 5-4 所示。

3）灌服法。大型牛场使用此法。在新生犊牛出生后 1 h 之内灌服 4 L 初乳（或按照犊牛体重 10% 的量进行灌服），6 h 后再哺喂或灌服 2 L。哺喂初乳的温度要保持在 39~40 ℃。哺喂过程中要注意方法，避免将奶灌到气管导致犊牛出现异物性肺炎或死亡。用灌服法给犊牛哺喂初乳如图 5-5 所示。哺喂初乳后间隔 8 h 开始哺喂常乳。

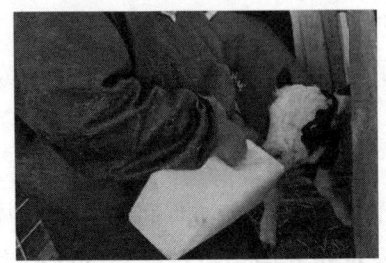
图 5-3　犊牛使用哺乳壶哺乳

图 5-4　犊牛使用哺乳盆哺乳

图 5-5　用灌服法给犊牛哺喂初乳

3. 初乳的保存与利用

剩余的初乳可进行冷冻或发酵来保存。

（1）初乳的检测和留存标准。对剩余的初乳应使用折射仪检测初乳质量，白利度大于等于 20% 的初乳为合格初乳，可根据表 5-1 判断是否留存初乳。生产中，优先选择一级初乳。

表 5-1　　　　　　　　初乳的留存标准

初乳分级	白利度	性状	母牛是否患有乳腺炎	是否留存
一级	大于等于 22%	微黄、黏稠	否	是
二级	大于等于 20% 小于 22%	白色、微稠	否	是
三级	小于 20%	白色或淡红色，稀薄如水	是	否

(2) 初乳的冷冻保存。对初乳进行冷冻能保存初乳中抗体的活性,是保证牛场随时获取高品质初乳的有效措施。

1) 留存的初乳应装入与巴杀机配套的初乳袋里,从装好初乳到执行巴杀程序的时间不宜超过 20 min,巴杀程序设置为 60 ℃维持 60 min,然后降温至 40 ℃取出。

2) 初乳巴杀后立即放入-20 ℃环境中速冻,结冰后以 8 ℃冷藏,冷藏可保存 24 h,24 h 后若未哺喂,再次放入-20 ℃环境中冷冻。

3) 保存标示:采集日期、初乳重、初乳级别、母牛号等。

4) 冷冻的初乳可用水浴(水温设置为 40~50 ℃)的方法来解冻。

(3) 初乳的发酵保存。近年来国内外广泛使用发酵初乳哺喂犊牛。初乳的发酵保存原理是在储存期间乳糖发酵产生乳酸,使初乳得以保存数周。

1) 发酵保存方法

①自然发酵。把剩余的新鲜混合初乳过滤后倒入塑料桶内(不宜用金属桶),及时盖上桶盖(不宜过满以防发酵后溢出),然后放在室内阴凉的地方,使初乳自然发酵。为了防止乳脂与乳清分离,每天应搅拌 1 次。

②定向发酵。把新鲜混合初乳过滤后水浴加热至 70 ℃,然后保持 5~10 min,接下来冷却,待冷却至 40 ℃,倒入已消毒的塑料桶内放于室内,按 5%~10%的比例加入发酵剂,搅匀后及时盖上桶盖,每天搅拌 1 次。

2) 发酵温度。发酵的温度范围是 4.4~26.7 ℃,不过最适宜的温度为 10~12 ℃。温度过高,易酸败;温度过低,发酵的初乳不易拌匀,容易凝块。当夏季气温达到 32 ℃时,为了防止腐败菌的繁殖,可加入 0.3%的甲酸或 0.7%的乙酸,也可使用 1%的丙酸,将 pH 值调至 4.6。

3) 发酵初乳的外观。发酵效果较好的初乳均匀稠密,呈豆腐脑状，色微黄，有乳酸味，没有乳清析出（自然发酵的可允许有少量乳清析出），酸度为80~100 °T。

4）制作发酵初乳时应注意的问题。处理初乳一定要保证环境卫生，因为越卫生保存时间越长。不要用金属容器，防止容器被腐蚀而污染初乳。发酵初乳不能含抗生素，抗生素会抑制乳酸菌发酵。发酵初乳保存时间不要太长，最好于1~2周内使用，一般不超过3周。有异味或变质的初乳禁止喂给犊牛。

（4）发酵保存初乳的使用。在哺喂发酵保存的初乳前应先搅拌均匀，然后取出需要量并掺入80 ℃左右的热水，将奶温调至36~38 ℃进行哺喂。掺水比例要注意，初乳：水＝3∶1~2∶1。在第一次哺喂发酵初乳时，犊牛可能会产生不适现象，可掺入一些鲜乳诱食，这样很快就能习惯。为了让犊牛尽快适应，也可在哺喂初乳前加入0.5%的碳酸氢钠中和乳酸，以改善适口性。

三、犊牛常乳期的饲养管理

1. 哺乳期犊牛的饲养

一般犊牛出生后的5~7天内要哺喂初乳，初乳期后则要哺喂常乳，常乳是指母牛生产7天以后产的奶。常乳的哺喂一般有2种方法，即自然哺乳和人工哺乳法。乳用犊牛一般采用人工哺乳法，肉用犊牛一般采用随母牛自然哺乳法。

（1）人工哺乳

1）哺乳时间和哺乳量。一般情况下，初乳期过后转为常乳哺喂，日喂量为犊牛体重的10%左右，日喂2次。

2）哺乳器皿的选择。常用的哺乳器皿有哺乳壶和哺乳盆。一般哺乳初期使用哺乳壶哺喂犊牛，后期可采用哺乳盆哺喂。

3）哺喂犊牛应注意的问题。应定时、定量（体重的10%）、定温（38~40 ℃）、定质、定人对犊牛进行哺喂。

(2)饮水。饮水要求随季节不同而不同,详见表5-2。

表5-2　　　　　　　　　犊牛饮水要求

季节	给水时间	给水方式	水质与水温	注意事项
夏季	3日龄开始,24 h给水	不限量	清洁、常温	24 h不间断供应水
冬季	喂奶后0.5 h	按顿给水	清洁、30 ℃(出生后前几天以36~38 ℃为宜)	不能用在奶中加水来代替单独的饮用水的供应,水凉后要倒掉

(3)植物性饲料的哺喂。在犊牛出生后1周即可开始训练采食干草,出生后10天左右要开始训练采食精料。哺乳犊牛专用的精料又称开食料。开食料是根据犊牛消化道及消化道上的一些酶类的特点配制而成的,能满足犊牛的营养需要,适用于犊牛早期断奶的一种特殊饲料。其特点是营养丰富、易消化、适口性好,其作用是促使犊牛由以吃奶或代乳品为主向完全采食植物性饲料过渡。训练犊牛采食开食料时,可将大麦、豆饼等料磨成细粉,并加入少量鱼粉、骨粉和食盐拌匀。每天15~25 g,用开水冲成糊混入牛奶中饮喂,或抹在犊牛口腔处让犊牛采食,几天后即可将开食料拌成半湿状放在奶桶或饲料桶里,让犊牛自由舔食。少喂多餐,做到卫生、新鲜,喂量逐渐增加,1月龄时每天要可采食1 kg左右甚至更多。刚开始训练犊牛吃干草时,可在犊牛栏的草架上添加一些优质柔软的干草让犊牛自由舔食,为了让犊牛尽快习惯采食干草,也可在干草上洒些盐水。干草喂量应逐渐增加,特别是在犊牛还不能采食1 kg混合精料以前,干草喂量应适当控制,以免影响混合精料的采食。3~4月龄开始训练采食青贮饲料。

(4) 早期断奶的准备。早期断奶是指人为提前断奶。目前,国外犊牛的哺乳期大多控制在3~6周,以4周居多,英国、美国主张4周,日本多为5~6周,哺乳量控制在100 kg以内。我国主张45~60天或60~90天断奶,现很多奶牛企业使用70~80天断奶的方法,哺乳量控制在240~320 kg。不管断奶时间如何和哺乳量多少,都要在断奶前做好准备。现在通用的做法是:出生1周就开始训练采食开食料和干草,随着日龄的增长和采食量的增加逐渐减少哺乳量,快到预定的日期并当犊牛连续3天开食料采食量达到1.5 kg时即可断奶。

1) 断奶标准。犊牛断奶标准详见表5-3。

表5-3　　　　　　　　　犊牛断奶标准

项目	标准
体重	≥出生重的2倍
疾病	无呼吸道疾病
	无腹泻
去角	无长角
开食料采食量	连续3天开食料采食量在1.5 kg以上

2) 断奶程序。断奶可分为4个阶段进行:断奶、转群、换料、加草。每个阶段至少为7天,采用渐进断奶方式。

过渡期间随时观察犊牛状态,对符合断奶标准的犊牛做好标记,从每天喂奶2次逐渐转为1次,并逐步减量。断奶后在原犊牛群继续饲养7天后转群,转到断奶舍。

犊牛用草料必须量化。开食料、干草在使用前要称重过磅,剩草剩料也要过磅,以保证采食量数据真实准确。

3) 断奶过渡期犊牛饲养方法(见表5-4)。

表 5-4　　　　　　　　　犊牛断奶过渡期饲养方法

项目	时间/频次	喂量	注意事项
饮水	24 h 不间断	自由饮水	持续提供新鲜清洁饮用水
开食料	每天 2 次	自由采食	保证新鲜干净，每天清理剩料
干草	每天 2 次	0.2 kg	把优质干草预铡至 5~8 cm，均匀撒在颗粒料上面，每天清理剩草
环境	—	—	采光、通风良好，犊牛舍要每天清理

2. 哺乳期犊牛的管理

（1）称重、编号、记录。在犊牛出生后应称其出生重，并进行编号，对其毛色和花片形状等外貌特征（可对犊牛进行拍照），以及出生日期、系谱等情况做详细记录。

（2）保证干燥、卫生。犊牛身体、饲料、哺喂器具、犊牛栏及周围环境等，都必须干燥并卫生。

（3）做好保健护理。平时注意观察犊牛，可及早发现有异常的犊牛，以便及时进行适当处理，提高犊牛的育成率。保健护理包括观察犊牛的被毛、眼神、食欲、粪便、体重、体尺等。

（4）训练饮水。在犊牛出生后要尽早训练饮水，前几天需提供 36~38 ℃的温开水，可加点牛奶诱导饮水，10~15 天后可直接提供常温水。

（5）逐步延长运动时间。犊牛出生 1 周后要在运动场开始适当运动，根据气候情况开始时时间可以短一些，以 0.5~1 h 为宜，后面可逐渐延长运动时间至 2~3 h。运动对新陈代谢、血液循环、生长发育都有好处。

（6）刷拭牛体。刷拭可保持牛体清洁，促进血液循环，又可调教犊牛。可用软刷每天刷拭 1~2 次。

(7) 去角。去角便于牛成年后的管理，减少牛彼此间的伤害。在出生后 10 天内去角较合适。

1) 固体氢氧化钠法。适用于 10 日龄左右的犊牛。具体做法是：先剪去角基部的毛，在角基周围涂上凡士林，然后用氢氧化钠（或氢氧化钾）在剪毛处涂抹，直至有微量血丝渗出，如图 5-6 所示。

图 5-6　犊牛药物去角

> **小提示**
> 1. 把用去角膏处理后的犊牛单独隔离 6 h 以上，以避免药膏蹭到其他犊牛身上。
> 2. 涂过药膏后 24 h 内避免沾水。
> 3. 人与涂抹过药膏的犊牛（涂完 3 h 内）直接接触时要谨慎，避免药膏接触人体皮肤。
> 4. 对已用去角膏去角的犊牛，3 天内检查是否有出血或其他状况需处理，达 15 日龄时，要对所有犊牛进行角部评估，对去角不彻底的要用电动去角器再次处理。

2) 电动去角法。适用于 3~5 周龄的犊牛。具体做法是：先将电动去角器通电升温至 480~540 ℃，然后用去角器处理角基，在每个角基部处理 5~10 s 即可，如图 5-7 所示。

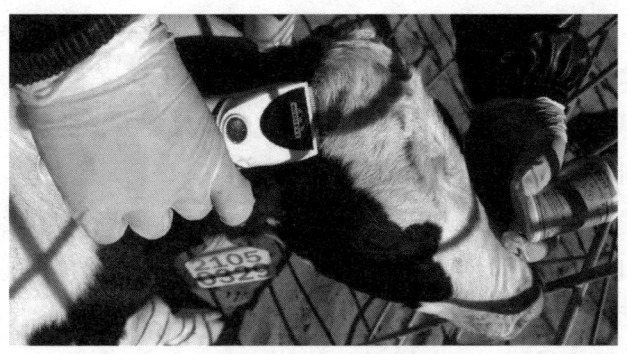

图 5-7 犊牛电动去角

> **小提示**
> 1. 烫完角后要进行上药（如青霉素粉）处理。
> 2. 跟踪烫角后的感染情况，如果有感染，应清洗消毒并上药治疗。

（8）剪除副乳头。有的母犊出生时有多余的乳头，不但影响外观，还影响健康和产乳性能，须剪除。具体方法是：先清洗、消毒乳房及周围部位，然后轻轻拉下副乳头，接着用消毒好的、锐利的剪刀（最好用弯剪）沿着基部剪掉副乳头，最后用2%的碘酒给伤口消毒或给伤口涂抹少许消炎药即可。

四、犊牛断奶期的饲养管理

1. 2~3月龄犊牛的饲养管理

（1）断奶后犊牛的转群。已断奶的犊牛转群后，可能出现断奶和转群应激，一定要仔细观察断奶犊牛的饮食、反刍、粪便和精神状态，加强饲养管理以缓解应激。此时犊牛处于断奶应激期，容易发生疾病，应实施固定的保健流程以降低发病率，要仔细观察每头牛的精神状态和采食情况，发现异常及时进行干预治疗。

（2）日粮组配。精料补充料与粗饲料的比例控制在 1∶6 为宜，粗饲料建议以优质干草为主，适当加喂些紫花苜蓿干草，一般 4 月龄前不饲喂青贮等发酵饲料。精料补充料建议配方：能量饲料 56%，蛋白质饲料 35%，其他 9%。

（3）管理要点。犊牛圈舍和运动场要保持清洁干净，要定期进行打扫和消毒。消毒药物要定期交换使用，以免病原体产生抗药性。要提供充足的饮水，圈舍内相对湿度控制在 45%~60%。饮用水和犊牛料如图 5-8 所示。

图 5-8　饮用水和犊牛料

（4）生长发育指标。犊牛断奶时重 90 kg 左右，日增重 650~950 g，体高 85~90 cm，胸围 95 cm 左右。

2. 4~6 月龄犊牛的饲养管理

（1）加强青、粗饲料的哺喂。加强青、粗饲料的哺喂，使瘤胃功能逐渐完善，对植物性饲料的消化吸收能力逐渐加强。

（2）日粮组配。日粮以优质干草为主，让犊牛自由采食；青贮饲料供给 2~5 kg；精料补充料的喂量可按体重的 1% 供给。

（3）管理要点。基本与 2~3 月龄犊牛的饲养管理相同。

（4）生长发育指标。6 月龄犊牛体重为 200 kg 左右，一般应达到成年时体重的35%,日增重1 000 g左右,体高100~113 cm,胸围120~130 cm。给6月龄犊牛称重如图5-9所示。

图5-9 给6月龄犊牛称重

模块2 育成牛的饲养管理

育成牛一般指7~18月龄的牛,也可认为是从7月龄至第一次产犊阶段的牛。

一、育成牛的生长发育规律

1. 生长发育快

育成阶段是骨骼、肌肉发育最快的阶段,生产实践中必须利用好这一特点,如果前期生长受阻,那么在这一阶段加强营养,可以得到部分补偿。

2. 瘤胃发育迅速

随着月龄的增长,育成牛瘤胃的功能日趋完善,7~12月龄的育成牛瘤胃的容积大增,利用青粗饲料的能力明显提高。12月龄左右瘤胃发育基本完成。

3. 生殖机能变化大

一般情况下，荷斯坦牛体重在 250 kg 左右时，会出现首次发情。13~14 月龄的育成牛正式进入性成熟时期，生殖器官的功能趋于健全。性成熟与体重的关系比与年龄的关系更大，一般情况下体重达到成年体重的 70% 时可参加配种。

二、育成期的饲养目标

1. 按时达到理想的体形、体重标准。
2. 按时发情，及时配种受胎。
3. 乳腺充分发育，保证高产性能。
4. 生殖器官发育完善，能够顺利产犊。
5. 15~16 月龄时体重达到 350 kg。

三、分阶段饲养要点

1. 7~12 月龄牛的饲养

以供给优质青粗饲料为主，以供给精料为辅，既要满足营养需求，又要使饲料具有一定的容积。日增重为 0.7~0.85 kg。

2. 12 月龄至初次配种时期的饲养

以供给青粗饲料为主，补充少量精料，便可满足其营养需要。可选用中等质量的干草，以培养耐粗饲性能，增进瘤胃机能。

3. 配种至产犊时期的饲养

（1）妊娠前期的饲养。从受胎到妊娠 6 个月的时期称为妊娠前期。要求饲料质量好、营养成分均衡。舍饲时以优质青粗饲料（自由采食）为主、精料（日喂量控制在 3 kg 左右）为辅饲养，保持适当膘情，不要过肥和过瘦。

（2）妊娠后期的饲养。从妊娠 6 个月到分娩这一时期称为妊娠后期。此时期在讲究饲料质量的同时也要讲究饲料数量,除供给优质青粗饲料外还要增加精料,日喂量控制在 3.5~4.5 kg。

四、育成牛的具体管理内容

1. 定期称重
按规定月龄进行称重,如在配种、产犊、成年等时期称重。

2. 检测体尺和体况
按规定月龄进行体尺测量和体况评分,如在 6 月龄、12 月龄、18 月龄、产犊等时期分别进行体尺测量和体况评分。

3. 分群管理
对育成期母牛应根据年龄和体重情况进行分群,一般可分为四群,即:断奶后至 6 月龄、7~12 月龄、13~18 月龄、初配受胎至分娩。分群便于饲喂和管理。

4. 加强运动
要有充足的运动,防止过肥、体质差、难产。育成牛一般散养,除恶劣天气外,应每天把育成牛放进运动场内自由运动至少 2 h。

5. 刷拭
每天刷拭 1~2 次,每次 5~10 min。

6. 调教
调教目标:性情温顺,有良好的吃草料、饮水、排泄粪便习惯,易于饲养管理。

7. 修蹄
从 10 月龄开始每年春、秋季各修 1 次。

8. 乳房按摩
6~8 月龄开始每天按摩 1 次,18 月龄以后每天按摩 2 次,产前 1~2 月应停止按摩。按摩时先用热毛巾(用 45~55 ℃的水)擦洗乳房,然后用双手按摩。

9. 保胎

孕期应避免打牛，也不可驱赶过快或者让牛采食变质发霉食物、饮冰渣水等。

10. 供给充足的饮水

应供给充足的清洁饮水，让牛自由饮用，最好在牛舍和运动场放置自动饮水槽。

11. 计算好预产期，产前2~3周转入产房

按配种日期准确计算预产期，产房要预先打扫干净并消毒，预产期前2~3天要再次清理消毒，还要做好接产、助产的准备。

12. 建好育种档案

做好发情鉴定、配种、妊娠检查等工作，并按要求填写育种档案。

模块3　成年奶牛的饲养管理

一、成年奶牛的日常饲养管理

1. 合理确定日粮

（1）保持合理的精、粗料比例。根据瘤胃的生理特点，以干物质计算精、粗料的比例，40∶60~60∶40都可以，其中50∶50比较理想。

（2）选择合适的饲料原料。奶牛最喜欢吃青绿饲料和精饲料，其次为青干草和低水分青贮饲料，对低质秸秆等饲料的采食性差。秸秆等应用揉搓机揉成丝状或用铡草机铡短，然后与其他饲料混合饲喂。

（3）保持饲料的新鲜和洁净。饲料要求新鲜、干净、无铁丝、玻璃、石块、塑料等异物。

2. 定时、定量饲喂

根据产奶量和挤奶次数规定饲喂次数。高产奶牛和每日挤奶3次的奶牛可日喂3次；年产奶量低于4 000 kg的奶牛可日喂2次。比较理想的方法是：精饲料定时饲喂，粗饲料自由采食；或采用全混日粮定时饲喂。

3. 采用合理的饲喂顺序

没有采用全混日粮（TMR）饲喂的牛场，应确定合理的精、粗饲料饲喂顺序。从营养和生理的角度考虑，比较理想的饲喂顺序是粗饲料→精饲料→块根块茎类多汁饲料→粗饲料，也有的按照青贮饲料→精饲料→粗饲料顺序，或者先精后粗顺序。饲喂顺序确定后要尽量保持不变，否则会打乱奶牛采食饲料的正常生理反应。

采用全混日粮（TMR）饲喂的牛场，若干草未预处理，饲喂应遵循先粗后精、先干后湿的原则；若干草已提前处理，应遵循先精后粗、先干后湿的原则。用搅拌设备制作日粮时刚开始上料就需开启搅拌功能，每车上料时间控制在20~25 min，确保日粮颗粒度达标。一般情况下，在加水后继续搅拌3~5 min即可。若担心受到青贮玉米、干草物理状态的影响，牧场也可将青贮饲料加完后再开始搅拌，加完水继续搅拌8~10 min即可。

4. 供给充足、清洁、优质的饮水

奶牛每天的需水量为60~100 L，高产奶牛需水量高达150 L，所以运动场或牛舍最好能安装自动饮水装置供牛自由饮水。无自动饮水装置的牛场每天饲喂日粮后必须及时供给饮水，冬天日供3次（温度不低于8~12 ℃），夏天日供4~5次。

5. 加强运动

对于拴系饲养的奶牛，每天至少要进行2~3 h的户外运动。对于散养的奶牛，每天在运动场自由活动的时间不应少于8 h。

6. 肢蹄护理

四肢应经常护理,以防肢蹄疾病的发生。护蹄方法:牛床、运动场、奶牛的通道以及其他活动场所应保持干燥、清洁,而且不能有尖锐铁器和碎石等异物,以免伤蹄。要定期用5%~10%的硫酸铜或3%的福尔马林溶液洗牛蹄,正常情况下每年还要修2次蹄。

7. 刷拭牛体

每天应刷拭牛体2~3次,以保持牛皮肤清洁和促进血液循环,又可避免牛发生体外寄生虫病。刷试还能使奶牛养成温顺性格进而便于挤奶和管理。

8. 做好观察和记录

饲养员每天要认真观察每头牛的精神、采食、粪便和发情情况,以便能及时发现异常情况。对于出现的情况,要做详细的记录。如果有牛患病,应及时请兽医诊治;如果有牛正处于发情期,应请配种员及时给予输精。

二、成年母牛的泌乳规律及影响泌乳性能的因素

1. 成年母牛的泌乳规律

(1)同一个体各胎次的产奶量不同。呈现一定规律:一开始随着胎次的增加产奶量逐渐增加,达到一定程度后会保持平稳,然后逐渐下降。

(2)同一个体在一个泌乳期内各阶段的产奶量不同。一个泌乳期可分为4个泌乳阶段,即泌乳初期、泌乳盛期、泌乳中期、泌乳后期。

2. 影响泌乳性能的因素

(1)遗传因素

1)品种。品种不同,产奶性能不同。产奶量最高的品种是荷斯坦牛,年产奶量6 000~7 000 kg,而蒙古牛年产奶量只有600 kg左右。

2）个体。同一品种的不同个体产奶量也不同，如荷斯坦牛，产量高的个体的产奶量可达到 10 000 kg，而产量低的不足 4 000 kg。

（2）生理因素

1）年龄与胎次。随着年龄和胎次的增长，产奶量一开始会逐渐增加，第 4~6 胎次时（牛 7~8 岁）产奶量达到高峰，高峰会保持一段时间，产奶量基本平稳至第 8 胎，接下来会逐渐下降。一般第 1 胎时母牛产奶量仅相当于产奶高峰期的 70%~80%。

2）体形大小。一般情况下在一定范围内体形越大产奶量越高，但超出一定范围时体形增大产奶量反而会减少。

3）泌乳期的不同阶段。整个泌乳期中产奶量呈现先低、后高、再逐渐下降的规律。

4）干奶期长短。干奶期过长和过短都会影响产奶性能。60 天左右最好，长不能超过 70 天，短不能少于 40 天。

5）初产年龄与产犊间隔。过早和过晚产犊都会影响产奶量，过早会影响母牛生长发育，过晚会减少产犊次数，进而影响终生产奶量。产犊间隔过短和过长也会影响产奶量，最理想的产犊间隔为 365 天，即每年产奶 10 个月，干奶 2 个月，1 年 1 胎。

6）发情与妊娠。母牛发情时产奶量会突然下降，但发情结束后又会恢复正常。妊娠中后期产奶量会下降，因为妊娠后期胎儿快速生长需消耗大量营养。

（3）环境因素

1）产犊季节与外界温度。母牛的产犊季节和外界温度对其产奶量有一定的影响。母牛最适宜的产犊季节是冬季和春季，这时产犊的牛整个泌乳期产奶量较高，而夏季产犊则产奶量较低。

奶牛最适宜的环境温度为 10~16 ℃，当气温在 8~21 ℃ 的范围内时，产奶量几乎不受影响；在 21~27 ℃ 时，产奶量会逐渐下降；27 ℃ 以上时，产奶量会明显下降。奶牛抗寒能力较强，冬季除特别寒冷和奶牛舍保温条件不好外,产奶量一般不会受到大的影响。

2)挤奶技术。挤奶次数越多产奶量越高,挤奶间隔时间越长产奶量越高。但实践证明,对于高产牛每日宜挤奶3次,对于低产牛每日宜挤奶2次,这样既省力又不影响产奶量。挤奶前正确充足的乳房按摩可提高产奶量。

3)饲养与管理。在影响奶牛产奶量的环境因素中,饲养管理是最重要的因素。平衡的日粮和合理的管理是提高奶牛产奶量的有利保证。

4)健康状况。奶牛在患病的情况下,其产奶量也会随之下降。奶牛的常见病包括瘤胃酸中毒、乳腺炎、代谢酮病和肢蹄病等,这些对奶牛的健康和产奶性能具有重要影响。

三、成年母牛泌乳各阶段的饲养管理

1. 泌乳初期的饲养管理

母牛从分娩到产犊后的15天,称为泌乳初期,也称恢复期或围产后期。对于二胎以上奶牛,泌乳初期通常划入围产期(生产中通常将奶牛分娩前后各15天的这段时间称为围产期),称为围产后期。

(1)生理特点。产后母牛体质较弱,食欲、消化和繁殖机能正在恢复,个别牛乳房水肿,乳腺及循环系统的机能还不正常,产奶量迅速增加,将导致能量负平衡,机体逐渐消瘦,体重开始下降。

(2)饲养目标。增加食欲,提高干物质进食量,适应日粮,尽快恢复体质,为泌乳盛期的到来打下良好基础。

(3)饲养要点

1)产后1~2天。喂温和的麦麸水和益母草红糖水。因产后母牛体质弱、消化机能差、生殖器官处于恢复期,所以应尽快喂给温热充足的麦麸水(温水10 kg、麦麸1 kg、益母草0.5 kg、红糖0.3 kg、食盐0.1 kg),以促进胎衣尽快排出、体质尽快恢复,水温控制在 40 ℃ 左右。

2）产后 2~3 天。以供给优质牧草为主，让牛自由采食；精料每天增加 1~1.5 kg，不要喂青绿饲料（青绿饲料汁液多），以免加重乳房水肿。

3）产后 4~5 天。日粮中应少加青绿饲料、青贮饲料，精料每天继续增加 1~1.5 kg。

4）产后 6 天。根据产奶量和乳房消肿情况，精料每天继续增加 1~1.5 kg。日粮干物质中精料应为 50%~55%，但不能超过体重的 1.5%。其他饲料也应逐渐增加。

(4) 管理要点

1）尽早挤奶。一般产后 30~60 min 开始挤奶。

2）搞好卫生防护。产后 4~5 天，每天应坚持消毒奶牛后躯（1 次/天），重点是臀部、尾根和外阴部。

3）搞好乳房护理。每次挤奶前都要清洗、热敷和按摩乳房。

4）做好分娩记录。做好奶牛分娩时间、胎儿体重、性别等各项记录。

5）注意饮水温度。产后一周内不宜饮用冷水，要求水温 37~38 ℃，一周后方可逐渐降至常温。

6）定期检测血酮含量。关注难产、胎衣不下、产后瘫痪以及产前体况超过 4 分的牛只，定期检测血酮含量。

2. 泌乳盛期的饲养管理

泌乳盛期又称泌乳高峰期，是产后 16~150 天。

(1) 生理特点。此阶段的母牛体况已恢复，产奶量迅速上升，头胎牛一般在产后 60~90 天达到泌乳高峰，经产牛一般在产后 30~60 天达到泌乳高峰，但牛的采食量在产后 70~98 天才能达到高峰。这个时期牛采食量的增加跟不上泌乳的需要，母牛能量处于负平衡状态，不得不动用自身储备，体重会下降（比初分娩后约降 45 kg），甚至暴发酮病。

（2）饲养目标。尽量克服能量负平衡，保持奶牛合理的体况，提高产乳高峰值，延长高峰泌乳时间，产奶量达到全泌乳期总产量的50%左右。

（3）饲料供给

1）满足干物质采食量。精料占日粮总干物质量的最大比例不宜超过60%。

2）供给优质的粗饲料。

3）供给优质的配合精料。应搭配供给玉米、大麦、糠麸、饼类等精料，坚持"料领着乳走"的原则。

4）满足能量需要。在泌乳盛期，奶牛对能量的需求量很大，即使达到最大采食量，仍无法满足需要，奶牛只能动用自身脂肪。所以，必须供给适口性好的高能量饲料，使体内脂肪的动用率降到最低。

5）满足蛋白质的需要。日粮中粗蛋白含量为16%~18%。

6）满足钙、磷的需要。钙、磷比例要适当。

（4）饲喂方法。饲喂方法包括预支饲养法和引导饲养法，两种方法都要求满足供给饲草料和清洁水。

1）预支饲养法（也称短期优饲法）。母牛产后15~20天要在提供足够的优质粗料、青贮饲料和青绿饲料前提下，每天增加1~1.5 kg混合精料，以帮助奶牛维持体重和满足泌乳实际营养需要。在整个泌乳盛期，精料的饲喂量应随着产奶量的增加而增加，始终保持1~1.5 kg的"预支"，直到产奶量不再增加为止，即坚持"料领着乳走"的原则。

2）引导饲养法。从产前2周开始增加精料喂量，第一天喂精料1.8 kg，以后每天增加0.45~0.5 kg，直到奶牛每100 kg体重食用1~1.5 kg精料为止。奶牛产犊后，继续每天增加0.45~0.5 kg，直到泌乳高峰期。泌乳高峰过后再按产奶量、乳脂率、体重等调节精料量。

（5）泌乳盛期的管理要点

1）做好乳房护理。乳房护理主要是指乳房热敷和按摩。

2）增加挤奶次数。

3）保证充足而清洁的饮水。

4）做好各项记录。

5）做好清洁与投料管理。遵循"牛走、粪清、料到"原则，即在牛上挤奶站挤奶时对牛舍进行清粪处理，同时在饲槽内撒新鲜的饲草料。

6）做好匀草管理。投放新料后要按频次推料，将饲料推到牛能够采食到的位置。

7）清槽管理。每天早班上料前对前一天的剩料进行彻底清槽，并对剩料进行称重，计算实际干物质采食量。泌乳期奶牛剩料率3%~5%是正常的，空槽时间不宜超过30 min。

8）饮水管理。定期清洗水槽，冬季、夏季水温控制在13~17 ℃，每头牛饮水空间宽度不低于10 cm。

9）卧床管理。根据卧床垫料情况，及时补充垫料，保证垫料厚15 cm以上且干燥、松软、平整、无异物。

10）采光与通风管理。保证泌乳牛每天接受16~18 h光照，牛舍内空气要流通。

11）应激管理。夏季要做好防暑降温，减少热应激；冬季要做好防寒保暖，减少冷应激。除了热、冷应激，还应尽量避免其他应激反应，如严禁驱赶时打牛。

3. 泌乳中期的饲养管理

母牛从产后151天到200天称为泌乳中期。

（1）生理特点。奶牛食欲旺盛，消化机能增强，采食量达到高峰。奶牛处于怀孕早期或中期，体质已恢复，体重开始增加。

（2）饲养目标。恢复体膘，日增重 250~500 g。产奶量为全泌乳期产奶量的 30%~35%。

（3）饲养管理要点

1）满足营养需要。采用常规饲养法，以优质牧草、青贮和青绿饲料为主，精料喂量以"料跟着乳走"为原则，每产 3 kg 奶喂 1 kg 精料，精、粗料比例逐渐减至 40∶60。满足钙、磷需要，满足清洁水供给。

2）关注产奶量的下降速度。下降速度不可过快。

3）控制体况。不要太肥和太瘦。

4. 泌乳后期的饲养管理

母牛从产后 201 天到干奶称为泌乳后期。

（1）生理特点。奶牛处于怀孕中后期，胎儿生长发育加快，产奶量下降幅度较大。

（2）饲养目标。确保奶牛自身和胎儿的健康，注意保胎，日增重 500~700 g；产奶量下降要缓慢，每月降幅控制在 10% 以内。

（3）饲养管理要点

1）满足营养需要。以优质牧草、青贮和青绿饲料为主，每产 3 kg 奶喂 1 kg 精料，精、粗料比例逐渐减至 30∶70。

2）控制体况。不要太肥和太瘦。

模块 4 干奶牛和高产奶牛的饲养管理

干奶期是从奶牛停乳到产犊结束，可分为前期和后期。从停乳至产犊前 15 天为干奶前期，产犊前 15 天至产犊结束为干奶后期，也称围产前期。干奶牛是指干奶时期的奶牛。高产奶牛是指一个泌乳期的产奶量高于 9 000 kg 的奶牛。

一、干奶牛的饲养管理

1. 干奶的意义

（1）满足胎儿发育要求。干奶期正好在母牛产前 2 个月左右，这时胎儿发育加快，需要大量营养，同时胎儿体重增大，会压迫母牛消化器官，造成母牛消化能力减弱。为减轻母牛负担，应采取干奶措施。

（2）使乳腺组织周期性休整。母牛乳腺组织经过一个泌乳期的分泌活动，必然会受到不同程度的损伤，因此通过干奶给乳腺一个休整时机，以便乳腺上皮细胞进行再生、更新、重新发育，更好地为产后泌乳打下良好基础。

（3）使瘤胃和网胃机能恢复。母牛的瘤胃和网胃经过一个泌乳期的高水平精料日粮的应激，其消化代谢机能减退。如果在干奶期大量饲喂粗饲料，可以恢复瘤胃和网胃的正常机能。

（4）治疗疾病。某些在泌乳期难以治愈的疾病（如乳腺炎），在干奶期可以得到有效治疗，同时还能调整代谢，特别有利于热乳症的预防。

2. 干奶期长短的确定

干奶期的长短，需依每头母牛的具体情况而定。一般为 45～75 天。

干奶期的长短直接影响产奶量。干奶过早，会减少产奶量；干奶过晚，会影响胎儿发育和乳腺机能恢复。

初配或早配母牛、体弱或老年母牛、高产牛以及营养不良母牛需要较长的干奶期，一般为 60～75 天；体质强壮、产奶量低、营养状况较好的母牛，干奶期可缩短为 45～60 天。

3. 干奶方法

（1）逐渐干奶法。逐渐干奶法指的是用1~2周的时间使奶牛停止泌乳，这种方法适用于过去难以停乳的牛或高产牛。具体方法如下。

1）停止乳房按摩。在预定停乳期前1~2周停止按摩乳房。

2）减少挤奶次数。由每天挤奶3次改为2次、1次或隔日挤奶1次。

3）改变日粮结构。减少青绿、多汁饲料和精料，增加优质干草。

4）控制饮水。减少饮水次数和饮水量。

（2）快速干奶法。可分为一般快速干奶法和一次性药物干奶法。

1）一般快速干奶法。一般快速干奶法是在规定干奶日起4~6天内完成干奶。与逐渐干奶法不同的是：每次挤奶都要将奶挤净。挤奶时加强热敷按摩，可帮助挤净全部奶水。最后一次挤奶后将干奶抗生素注入每个乳头并用碘酒或3%的次氯酸钠浸一浸乳头，再用火棉胶封闭乳头即可。

2）一次性药物干奶法。一次性药物干奶法是在停乳之日除减少饲料和控制饮水外还要加强热敷按摩，认真挤净全部奶，其他措施与一般快速干奶法相同。

4. 干奶牛的饲养要点

（1）控制好干物质进食量。日粮以粗饲料为主，日粮中干物质进食量控制在奶牛体重的1.8%~2.2%，其中粗饲料的干物质日进食量至少为牛体重的1%~1.5%。

（2）调整日粮配比。干奶期前几天应尽量不喂或少喂精料及青贮、青绿饲料，待乳房内的乳汁被吸收、乳房开始萎缩后逐步按妊娠后期标准饲养。应逐渐减少精料和青贮饲料的饲喂量，精料最大喂量不宜超过体重的0.5%，以防过肥。

（3）控制饮水。乳房消肿前要控制饮水。

5. 干奶牛的管理要点

（1）适当运动。干奶牛要适当运动，但切忌急速驱赶，以自由运动为宜。

（2）防止流产。日粮必须新鲜、干净，不能给干奶牛饲喂冰冻或腐败变质的饲料，不能让牛饮冷水。

（3）保持牛体卫生。加强牛体刷拭，勤换垫草，保持牛床清洁干燥。

（4）按摩乳房。在乳头封口后的几天内不能按摩乳房和挤奶，待乳房变软收缩后，可每天按摩乳房 1 次，每次 5 min。注意：产前出现水肿的牛需停止按摩。

（5）做好肢蹄的修整和护理工作。给奶牛后躯及四肢用 2%或 3%的来苏水洗刷消毒后，方可转入产房。

（6）及时进产房。产前 7~10 天将母牛转入产房，准备接产。

（7）干奶前期与后期分群组圈。产前 21 天将牛转入干奶后期（围产前期）圈舍，提高日粮中能量饲料和蛋白质饲料的比例，使牛适应高精料日粮，同时注意平衡日粮中的矿物质和维生素。每周检测尿液 pH 值，根据结果调整阴离子盐用量，预防产后代谢病。

二、高产奶牛的饲养管理

1. 高产奶牛的饲养

（1）保持营养平衡，严格控制精、粗料比例。应保持能量饲料和蛋白质饲料的比例，精料应控制在 40%~60%。

（2）确保优质粗料的供给。

（3）使用过瘤胃蛋白和过瘤胃脂肪。

（4）加强干奶期的饲养。

(5) 使牛保持旺盛的食欲。

2. 高产奶牛的管理

(1) 维持适当的干奶期。

(2) 保证充足的采食时间。

(3) 适当推迟产后配种时间。

(4) 做好防暑与保暖工作。

(5) 提高牛只舒适度。

模块 5　挤奶技术

一、挤奶流程

1. 手工挤奶流程

(1) 做好准备工作。挤奶前，要将所有的用具和设备洗净、消毒，并集中在一起备用。挤奶员要剪短并磨圆指甲，穿戴好工作服，用肥皂洗净双手。

(2) 乳房的清洗与按摩。先用温水将牛后躯、腹部清洗干净，再用 50 ℃ 的温水清洗乳房。擦洗时，先用湿毛巾再用干毛巾，自下而上擦净乳房的每个部位。每头牛所用的毛巾和水桶都要做到专用，以防交叉感染。用干毛巾擦净后立即进行按摩，方法是：双手抱住一侧乳房，双手拇指放在乳房外侧，其余手指放在乳房中沟，自下而上和自上而下按摩 2~3 次；用同样的方法按摩另一侧乳房。按摩后，立即开始挤奶。

(3) 乳房健康检查。先将每个乳区的头两把奶挤入带网的专用滤乳杯中，观察是否有凝块等异常现象。同时，观察乳房是否有红肿等异常现象，以确定是否有乳腺炎。检查时，严禁将头两把奶挤到牛床或挤奶员手上，以防交叉感染。

（4）挤奶。挤奶员坐在牛一侧，两腿夹住奶桶，精力集中，开始挤奶，以每分钟80~120次为宜。当挤出乳量急剧减少时停止挤奶，换另一乳区继续进行，直至所有的乳区完成挤奶。

（5）乳头药浴。挤奶后应立即用药液浸泡乳头，以降低乳腺炎的发病率。常用药液有碘甘油、2%~3%的次氯酸钠溶液或0.3%的新洁尔灭溶液。

（6）清洗用具。挤奶后，应及时将所有用具洗净、消毒，然后置于干燥清洁处保存，以备下次使用。

2. 机械挤奶流程

挤奶机的类型主要有提桶式、移动式和管道式3种，需根据牛场规模选用合适类型的挤奶机。目前，我国许多奶牛场采用的是管道式挤奶系统。挤奶台也属于管道式中的一种。根据奶牛在挤奶台上的排列形式，又可分为并列式、鱼骨式、串联式、转盘式等。

（1）做好准备工作。做好挤奶前的卫生准备工作，包括牛只、牛床及挤奶员的卫生，该准备工作与手工挤奶相似。

1）挤奶员进奶厅前统一佩戴橡胶手套、套袖、口罩、帽子、围裙、雨鞋等防护物品。

2）配制前后药浴液时需确保盛装乳头的药浴液容器清洁干净，并遵循现用现配、用多少配多少的原则，盛放药浴液的容器需密封后放置在避光、干燥、安全的区域。

3）确保毛巾干燥、清洁、无破损并有足够的量，根据挤奶牛头数确定毛巾使用量。

（2）挤奶前检查。调整挤奶设备并检查奶牛乳房健康。

1）将高位管道式挤奶器的真空读数调整为48~50 kPa，低位管道式挤奶器的真空读数调整为42 kPa。将脉动器频率调到每分钟60次。调试好设备后，除发生故障外，一般情况下不要频繁调整，以便牛群适应。牛体检查与手工挤奶相似。

2）连接输奶管线，检查挤奶机过滤纸是否已安装。连接挤奶机到平衡罐管线，连接平衡罐到奶仓管线。检查平衡罐、板式换热器、集乳罐排污口及所有蝶阀是否正确打开。

3）检查热水箱水量与加热功能。

4）检查挤奶机真空管路是否漏气。

5）检查制冷机、空压机是否正常运行。

（3）清洗和按摩乳房。乳房的清洗、按摩方法与手工挤奶时基本相同。

（4）挤奶前乳头药浴。乳头要用药浴杯盛药浴液浸润全部乳头。

1）前药浴时应使用不同于后药浴的非回流药浴杯，将乳头全部浸泡在药浴液中。

2）前药浴顺序：左前→右前→左后→右后。

3）药浴液需包裹乳头，并且保证在乳头存留 30 s 以上方可擦拭。

（5）验奶及弃奶。通过人工手法（拳握式）将乳房中前 3~5 把奶挤出并弃掉，单头牛验奶持续时长为 6~8 s（验奶和擦拭总时长大于 10 s）。

1）配制碘制剂消毒液对手臂进行感应器喷雾式消毒，避免造成二次污染。

2）验奶顺序：左前→右前→左后→右后。

3）验奶时要集中注意力，看清楚挤奶台上牛奶的性状，如发现奶中有凝乳块、絮状物，需继续挤 7~10 把奶，如果奶水仍未正常可确定牛已患乳腺炎，需进行治疗。为避免出现交叉感染，每次发现患乳腺炎的牛只后，要对手臂进行一次消毒。

4）验奶过程中要准确鉴定出盲乳区。

（6）擦拭。擦拭奶牛乳头会刺激奶牛丘脑分泌催产素，进而促进奶牛乳导管收缩，反射性地引起奶牛放乳。

1）前药浴消毒 30 s 后进行擦拭，确保一牛一巾，用干燥、洁净的毛巾按照先擦拭左前、右前，再擦拭左后、右后的顺序分别将乳头的药浴液、污物擦掉，擦拭时间大于 4 s。

2）旋转式（正转 2 圈、反转 2 圈，交替进行）擦拭，确保乳头末端清洁。

3）擦拭过程中，应将使用过的毛巾分开放置，避免污染干净毛巾。

（7）套乳杯。套乳杯时，打开气阀，接通真空挤奶器，一手握住挤奶器上的管子，另一只手用拇指和中指拿着乳杯，用食指接触乳头，依次把乳杯迅速套在 4 个乳头上，注意不要有漏气现象，防止空气中的灰尘、病原菌等吸入乳源中。这一过程要在 45 s 内完成。熟练者可双手同时套乳杯。

1）套乳杯时首先对准左前和右前两个乳头同时套杯，然后套左后和右后两个乳头。

2）如果遇到牛只有异常乳区不能套杯时，套杯前应先取假乳头（食品级材质），塞入相对应的奶杯口然后方可套杯，避免滑杯漏气。

3）套杯后要及时调整乳杯组位置，杯绳松紧要适度，不影响乳杯组自然下垂，挤奶管和脉动管需置于四乳区中心位置。观察各乳区奶流情况，使吸奶器能顺利地吸取乳房中的牛奶。

4）对正常泌乳牛群中的血乳、盲乳、乳腺炎牛只不进行套杯。

5）上杯后不要进行冲洗地面等操作，避免影响牛只正常排乳反射。

（8）挤奶。套乳杯后用机械立即进行挤奶，一般 5~7 min 完成。挤奶过程中，要做到"走、听、看"。通过挤奶器上的玻璃管观察乳流的情况，如无乳汁通过则需立即关闭真空导管上的开关，挤奶完成。

1）走——反复对正在挤奶的牛只进行巡视。

2）听——是否有挤奶杯组掉杯吸气的声音等。

3）看——检查集乳器4个乳区是否有奶流，检查是否存在奶管、脉动管扭结，未挤干净，过度挤奶等现象。

（9）卸乳杯。关闭导管上的开关2~3 s后，让空气进入乳头和挤奶杯内套之间，再卸下乳杯。

（10）挤奶后乳头药浴。挤奶结束后乳头孔不能马上闭合，细菌容易侵入引起奶牛患乳腺炎，所以挤奶结束后要立即对每个乳头进行后药浴。

1）后药浴使用不同于前药浴的非回流的药浴杯，将乳头全部浸在药浴液中30 s方可。

2）冬季低于-10 ℃时，可用防冻药浴液代替常规乳头消毒液或增加润肤剂使用量，如遇乳头冻伤的牛只需通知兽医进行处理。

3）后药浴顺序。左前→右前→左后→右后。药浴后用干净毛巾擦净。

（11）清洗器具。每次挤完奶后需打扫卫生，做到挤奶台上、下清洁干净；管道、机具需首先用温水漂洗，然后用热水和去污剂漂洗，接着进行消毒，最后用凉水漂洗。至少每周清洗脉动器1次；挤奶器、输乳管道冬季每周拆洗1次，其他季节每周拆洗2次。凡接触牛奶的器具和部件应首先用温水预洗，然后浸泡在0.5%的纯碱水中进行刷洗。乳杯、集乳器、橡胶管道都应首先拆卸刷洗，然后用清水冲洗，最后用1%的漂白粉液浸泡10~15 min后晾干再用。

二、挤奶注意事项

1. 建立完善的挤奶工作制度。
2. 要保持奶牛、挤奶员和挤奶环境的清洁、卫生。
3. 挤奶次数和挤奶间隔确定后应严格遵守，不要轻易改变，否则会影响产奶量。

4. 产犊后 5~7 天内的母牛和患乳腺炎的母牛不能机械挤奶,必须手工挤奶。若一定要机械挤奶,速度要快,安装挤奶杯不能超过 45 s。

5. 待正常泌乳牛挤奶结束,再对初产牛、病牛单独挤奶、单独储存。

6. 赶牛过程中严禁"用脚踢牛""快速驱赶牛只""高声吆喝""用任何器具打牛"。赶牛时注意避免牛只过度拥挤而出现滑倒现象。

7. 挤奶时应密切注意乳房情况,及时发现乳房和奶的异常。同时,既要避免过度挤奶,又要避免挤奶不足。

8. 挤奶后,尽量保持母牛站立 1 h 左右,防止乳头过早与地面接触。常用的方法是挤奶后喂食新鲜饲料。

9. 迅速挤奶,中途不能停顿,争取在排乳反射结束前挤完奶。

10. 前两把挤出的奶中含细菌较多,应弃掉。对于病牛、使用药物治疗中的牛,所产牛奶不能作为商品奶出售,不能与正常奶混合。

11. 应注意保养挤奶机械,使之始终保持良好工作状态,对已老化的橡胶配件要及时更换。管道及盛奶器具也都要认真清洗消毒。

模块 6　鲜奶的初步处理

一、鲜奶的过滤

挤奶过程中,尤其是手工挤奶时,牛奶中难免落入尘埃、牛毛、粪屑等,所以刚挤下的牛奶必须用多层(3~4 层)纱布或过滤器进行过滤，去除牛奶中的污物和减少细菌。

二、鲜奶的冷却

刚挤出的鲜奶温度较高，细菌容易繁殖，所以必须冷却。鲜奶过滤后应立即进行冷却，这样能够有效地抑制细菌繁殖，延长牛奶的保存时间。

三、鲜奶的采样、检测、留样

1. 装车完毕后使用采样器在奶罐车上部的罐口进行采样。

2. 采样结束后使用200目过滤筛过滤，然后对滤出液体进行检测，检测合格方可出场。

3. 留存奶样标记留样信息（装奶时间、车牌号等）并放置冰箱冷藏保存（温度宜设置为2~8 ℃），保存时间至少24 h。

四、鲜奶的运输

牛奶场生产的鲜奶需运送至乳品加工厂进行加工。如果运输不当，会导致鲜奶变质，造成重大损失，因此鲜奶运输中应注意以下几点。

1. 装车前检查奶罐车内、外部卫生，检查奶罐车罐口及内部是否残存奶垢、积水等，以及是否有异味。进出口奶管道密封垫每月更换一次。

2. 防止鲜奶在运输中温度升高，尤其在夏季运输时，最好选择在早晨、傍晚或夜间进行。运输工具最好选用专用的奶罐车，如用奶桶运输应用隔热材料遮盖。

3. 容器必须装满盖严。奶罐车装车结束后，生鲜乳液位至多距离罐口20 cm，以防止在运输过程中因震荡而升温或溅出。

4. 尽量缩短运输时间，严禁途中停留。

5. 要对运输容器严格消毒，避免在运输过程中受到污染。

 小知识

个体产奶量的统计指标

305天产奶量：指自产犊后第1天开始到305天为止的产奶量。不足305天者，按实际产奶量计算，并注明产奶天数；超过305天者，超出部分不计算在内。

305天校正产奶量：有些泌乳期不足305天或超出305天而又无日产记录者，可乘以校正系数校正到305天的近似产奶量。

全泌乳期实际产奶量：指自产犊后第1天开始到干奶为止的累计产奶量。

年度产奶量：指1月1日至本年度12月31日为止的全年产奶量。

终生产奶量：一头奶牛从开始产犊到最后被淘汰时，各胎次实际产奶量的累加。

第6单元 肉牛饲养管理技术

模块1 肉牛分阶段饲养管理

一、犊牛的饲养管理

1. 新生犊牛的处理

方法与新生乳用犊牛的处理方法基本相同,主要区别在于肉用犊牛身上的黏液一般由母牛舔食而不能人工擦拭,以加强母子亲密感,有利于自然哺乳。如果遇到个别母牛不舔食黏液,可在犊牛身上撒麸皮加以诱导。

2. 随母哺乳,过好"哺乳关"

肉用犊牛一般随母自然哺乳。犊牛出生后应尽量在 0.5~2 h 让犊牛吃上初乳。哺乳不够的要给母牛补料,乳量过多的需适当控制。

3. 及早补料

肉牛一般产奶量不高,而犊牛生长发育快,仅靠母奶远远满足不了营养需要,所以应尽早补料。

(1) 干草的补饲。从 1 周龄开始,向牛栏的草架内添入优质干草,训练犊牛自由采食,以促进瘤胃、网胃的发育。

(2) 精料的补饲。出生后 10~15 天应开始训练犊牛采食精料。开始时日喂干粉料 10~20 g;到 1 月龄时,每天可采食 150~300 g;到 2 月龄时,每天可采食 500~700 g;到 3 月龄时,每天可采食

750~1 000 g。补充的精料必须是高蛋白、易消化的能量饲料,并添加有维生素和矿物质,饲料营养必须平衡,还要具有较好的适口性。

(3) 青绿饲料的补饲。犊牛在20日龄开始应补喂青绿饲料,以促进消化器官的发育。最初每天喂20 g,到2月龄时可增加到1 kg,3月龄时可增加到2 kg。

(4) 青贮饲料的补饲。可在2月龄开始饲喂青贮饲料,每天100~150 g;3月龄时1.5~2 kg;4~6月龄时4~5 kg。应保证青贮饲料品质优良,防止拿酸败或冰冻青贮饲料喂犊牛。

4. 合理断奶

肉用犊牛断奶时的最大应激反应是母子分离给犊牛带来巨大痛苦,所以断奶应采取循序渐进的办法。断奶初期,可逐渐减少母子在一起的时间和次数,将犊牛留在原处,定时将母牛牵走。自然哺乳的母牛在断奶前1周应停喂精料,只提供优质粗饲料,使其产奶量减少。

5. 加强护理,预防疾病

在犊牛饲养中,应坚持每天刷拭牛体,并注意观察其食欲、精神、粪便是否正常,发现问题后要及时采取措施。犊牛最易发生的疾病是腹泻和肺炎,发生腹泻时,可向犊牛饲料中添加干酵母,以促进消化。还应做好防寒保暖工作,防止犊牛感冒。

二、育成母牛的饲养管理

1. 育成母牛的饲养

育成母牛的日粮应以青粗饲料为主,让它充分采食青草、干草和青贮饲料。青草季节可不补充精料,仅补充矿物质即可,冬季可根据青粗饲料质量补饲少量精料。

2. 育成母牛的管理

(1) 及时分群。育成牛断奶后要进行分群。首先公、母牛分开饲养,其次同一群体中体形大小应该相近,月龄差异一般不应超过2个月,体重差异要低于30 kg。

（2）加强运动。在舍饲条件下,育成牛应每天至少有2 h的运动。在放牧条件下,一般采取自由运动,无须特殊安排运动时间。

（3）经常刷拭牛体。育成牛每天应刷拭1~2次,每次5~10 min。

（4）做好发情鉴定,适时配种。发育好的母牛可于18月龄配种,对发情异常的个体要及时进行检查和处理。

三、成年母牛的饲养管理

1. 空怀母牛的饲养管理

空怀母牛饲养管理的主要任务是:提高受胎率。母牛在配种前应具有中上等膘情,过瘦和过肥都会影响其正常妊娠。饲养空怀母牛应充分利用青粗饲料,以降低饲养成本。在管理上应增强运动和增加日光浴时间,以增强牛的体质。

2. 妊娠母牛的饲养管理

（1）多进行放牧饲养。我国青草季节主要在6—10月份,可充分利用青草季节进行放牧饲养。在此期间,只要牧草质量好,就能基本满足牛只营养需要,一般不需补饲。枯草季节,应根据牧草的质量及时补饲,特别是妊娠的最后2~3个月,每天可以补饲混合精料1.5~2 kg、干草8 kg。在舍饲期间,日粮应以青粗饲料为主,适当搭配精料。日喂优质干草11 kg,青贮饲料10~15 kg,混合精料2.5~3 kg。保证充足饮水,上、下午各驱赶牛运动1.5~2 h,每天刷拭牛体2次。

（2）做好保胎工作

1）满足母牛的营养需要。要满足各种营养物质需要,但还要注意防止过肥和过瘦,以免难产。

2）给予妊娠母牛适宜的环境,保证牛的健康。每天应对牛舍、牛床、牛体进行清洗、打扫，并定期消毒。严格防疫，防止发生传染病。布鲁氏菌病是预防的重点，一旦发生就容易引起流产。

3）合理运动、使役。妊娠牛的牵引、驱赶、使役等要注意方法，不要过急、过快。产前1~2个月应停止使役。

4）合理用药。给妊娠母牛用药必须谨慎，对胎儿有害的药物应避免使用。

5）不混群饲养。妊娠母牛应与其他牛分开单独饲养，防止顶架、爬跨等造成流产。

6）避免妊娠母牛受到机械损伤。对妊娠母牛应温和接触，合理调教，不能动作粗暴，防止母牛滑倒、挤伤或碰伤。

3. 泌乳母牛的饲养管理

泌乳母牛的饲养，要保证有足够的产奶量，以供犊牛生长发育的需要。在放牧饲养情况下，以季节性产犊为宜，如早春产犊就很好，既可以保证母牛产奶量，又可以使犊牛提前采食青草，有利于犊牛生长发育。在舍饲情况下，可参考饲养标准调配日粮，但应以青绿饲料和青贮饲料为主，适当搭配精料，这样既有利于产奶和产后发情，又可节约精饲料。

模块2 肉牛肥育

一、肉牛的生长发育规律

1. 体重的增长规律

（1）体重的一般增长

1）生长时期不同，生长速度不同。妊娠期间，胎儿在4个月以前的生长速度缓慢，以后生长速度加快，分娩前的生长速度最快。

出生后 12 月龄以前生长速度快,以后逐渐变慢,成年后生长基本停止。牛的初生重与遗传有直接关系。在正常饲养管理条件下初生重大的犊牛生长速度快,断奶重也大。

2)身体部位不同,生长速度不同。胎儿时期头部生长最快,以后四肢生长快。

(2)补偿生长。在生产实践中,常见到牛在生长发育的某个阶段,由于饲料不足造成生长速度下降,一旦恢复高营养水平饲养,则短期内其生长速度比未受限制饲养的牛只还要快,经过一段时间的饲养后,仍能恢复到正常体重,这种特性叫补偿生长。补偿生长的特点如下。

1)早期生长受阻,很难补偿。生长受阻若发生在胚胎期或初生至 3 月龄,以后将很难补偿。

2)生长受阻时间越长将越难补偿。一般生长受阻时长在 3 个月以内(最长不超过 6 个月)补偿效果较好。

3)补偿能力与进食量有关。进食量越大,补偿能力越强。

4)补偿生长影响机体组织成分。补偿生长后,牛只虽能在饲养结束时达到所要求的体重,但饲料转化率偏低,机体组织成分会受到影响,所以牛只比正常生长时的骨比例高,脂肪比例低。

2. 体形变化规律

(1)初生犊牛。四肢骨骼发育早而中轴骨骼发育迟,因此牛体高而狭窄,臀部高于鬐甲。

(2)6~7 月龄。体躯长度增长较快,高度次之,而宽度和深度稍慢,因此牛体增长,但仍显狭窄。

(3)断奶至 14 或 15 月龄。高度和深度增长变慢,牛体进一步变长、变宽。

(4)15~18 月龄。15 月龄后,体躯继续向宽、深发展,体高不再变化,体长增长速度也变慢,体形变得浑圆。

3. 胴体组织的变化规律

（1）胴体内化学成分的变化。随着体长和体重的增加，胴体内水分和蛋白质含量明显减少，胴体脂肪则明显增加。

（2）胴体组织的变化

1）骨骼。骨骼在胚胎期生长最快，12月龄以后逐渐变慢。

2）肌肉。初生至8月龄高强度生长，8~16月龄生长速度略放缓，16月龄以后生长速度变慢。

3）脂肪。12~16月龄体脂肪急剧生长，肌肉间脂肪和脂内脂肪则于16月龄后加速生长。

4. 肉质的变化规律

（1）大理石纹状。12月龄后逐渐形成大理石纹状牛肉，18月龄后大理石纹状更加明显。

（2）肉色。12月龄以前肉呈淡粉色，16月龄后肉显红色，18月龄后肉呈深红色。

二、肉牛肥育饲养管理综述

1. 饲喂技术

（1）饲喂时间。早、晚为饲喂最佳时间，因为早晨或晚上牛的食欲最好，采食量大。

（2）饲喂次数。肉牛饲喂可采用自由采食和定时、定量饲喂2种方法。实践证明，犊牛、架子牛（指未经肥育的不够屠宰体况的牛）自由采食的饲喂效果均优于定时、定量饲喂。定时、定量饲喂时，无论是增重还是饲料报酬，效果均最理想。目前，我国牛肉生产加工企业多采用每天饲喂2次的方法。

（3）饲粮与饲喂顺序

1）全混日粮（TMR）饲养。最好提供全混日粮，以提高牛的采食量和饲料利用率。

2）不具备 TMR 饲养条件的牛场。遵循"先干后湿""先粗后精""先喂后饮"的饲喂顺序，坚持少喂勤添、循环上料。

（4）饲料更换。更换饲料时应逐渐更换，给牛 3~5 天的过渡期。

（5）饮水。肥育牛采用自由饮水法最为适宜。冬季北方天冷，又没有保温自动饮水机，可让牛定时饮水，每天至少饮 3 次。

（6）新引进牛只的饲养。饲养新引进牛只，重点是缓解运输应激反应，使牛尽快适应新环境。

1）及时补水。第一次补水，水量限制在 15~20 kg，切忌牛暴饮；间隔 3~4 h 进行第二次补水，此时牛可自由饮水。

2）日粮逐渐过渡到肥育日粮。开始时，只限量饲喂一些优质干草；第二天起，随着食欲的增加，逐渐增加干草喂量，同时添加青贮、块根类饲料和精料；5~6 天后，逐渐过渡到肥育日粮。

3）给牛创造适宜的环境。牛舍要干净、干燥，不要立即拴系，宜自由采食。

（7）肥育期的分阶段饲养

1）生长肥育期。饲喂富含矿物质、维生素的优质粗料、青贮饲料，使牛保持良好生长发育的同时，要使其消化器官也得到锻炼。因为该阶段的重点是促进架子牛的骨骼、内脏、肌肉的生长，所以此阶段精料喂量为架子牛活重的 1.5%~1.6%。

2）成熟肥育期。架子牛经生长肥育期的饲养，骨骼已发育完好，肌肉也有相当程度的生长。此期的饲养任务主要是改善牛肉品质，增加肌肉纤维间脂肪的沉积量。日粮中粗饲料的比例不宜超过 30%，日采食量为牛活重的 2.1%~2.2%，屠宰前 100 天左右，向日粮中增加大麦粉或啤酒糟，进一步改善牛肉品质。

2. 管理技术

（1）合理分群。根据肥育牛的品种、体重、性别、年龄、体质及膘情合理分群。

（2）及时编号。为便于管理，要进行编号。有的牛出生时已编号，如果出生时未编号，肥育前编号也可。

（3）定期称重。为合理分群和及时了解肥育效果，要进行肥育前称重、肥育期称重和出栏称重。肥育期最好每月称重1次。

（4）限制运动。到肥育中后期，每次喂完，将牛拴系在短木桩或休息栏内，缰绳要系短一些，长度以牛能卧下为宜，以减少牛的活动消耗。

（5）刷拭牛体。坚持每天上午、下午各刷拭牛体1次，每次5～10 min。

（6）定期驱虫。肉牛转入肥育期之前，应做一次全面的体内、外驱虫和防疫注射，肥育过程中及放牧饲养的牛都应定期驱虫。

（7）加强防疫、消毒工作。每年春秋检疫后要对牛舍内、外及用具进行消毒，每出栏一批牛，都要对牛舍进行一次彻底清扫消毒，严格按照防疫卫生管理制度执行。

（8）适时去势。现在，国际上肥育场普遍采用不去势公牛肥育。2岁前的公牛宜直接进行公牛肥育，此阶段牛生长发育快、瘦肉率高、饲料报酬高；2岁以上的公牛及以生产高档牛肉为目标的牛，宜去势后再肥育，否则不仅不便管理，而且肉会有膻味，影响胴体品质。

（9）及时出栏。判断肉牛最佳肥育结束期，使肉牛及时出栏，对提高经济效益和保证牛肉品质具有极其重要的意义。判断肉牛是否达到最佳肥育结束期，一般有以下方法。

1）采食量判断法。绝对日采食量随着肥育期的延长而下降，下降量达到正常量的1/3或更多，日采食量为活重的1.5%或更少。

2）肥育度指数判断法。用活体重（kg）和体高（m）的比值来判断，指数越大，肥育度越好。

$$肥育度指数 = \frac{活体重}{体高}$$

3）体形外貌判断。利用肉牛各部位脂肪沉积程度进行判断，主要参考胸垂部、腹肋部、腰部、坐骨部、下肷部、阴囊部脂肪的厚度。

三、架子牛的肥育

架子牛是指未经肥育的或不够屠宰体况的牛。架子牛肥育是我国目前肉牛肥育的主要方式。

1. 架子牛的品种选择

选择当地主要优良地方品种、引进的主要肉牛品种，或选择两者的杂交后代。

2. 架子牛的选购

（1）选购原则

1）属优良品种。

2）健康、生长快。

3）体重为280~300 kg。

4）1~2岁的公牛（未去势）。

5）性情温顺。

6）非疫区牛。

（2）选购标准

1）头部。头短、宽。

2）颈部。头、颈结合良好，颈部垂肉大。

3）鬐甲。鬐甲平坦宽广。

4）背腰。背腰宽阔平坦。

5）臀部。臀长、宽、平。

6）胸部。胸宽、深。

7）腹部。腹部容积大而圆、不下垂。

8）四肢。前后肢分开得宽阔，肢势端正健壮。

9）皮肤和被毛。皮肤稍厚，被毛有光泽。

10）性情。性情温顺，不挑食，饲料利用率高。

3. 架子牛的肥育

（1）架子牛的舍饲肥育

1）青贮料肥育。青贮料制作方便，肥育效果好，不仅适用于架子牛的肥育，也适用于成年牛的催肥。由于青贮料在日粮中所占比例较大，饲喂时要从 10 kg 开始，经 1 周时间逐步增加到计划定量。

2）酒糟肥育。以酒糟为主要饲料肥育牛是我国的传统方法。酒糟要新鲜、温度适中，酒糟喂量要逐渐增加。将干草铡短，再将酒糟拌入，一起饲喂，有利于牛的反刍。

3）混合精料肥育。混合精料肥育即用高能日粮实施高强度肥育。精料的添加要逐步进行，注意观察牛的消化情况，防止腹部膨胀或发生腹泻。

（2）架子牛的放牧肥育

1）放牧方法

①固定放牧。春季将牛群赶进牧场，直到秋季归牧，一直固定在一个草场。这是一种粗放的管理方法，不利于牧草生长，容易产生过牧现象。本法适用于载畜量小的草场。

②划区轮牧。一般用电网、刺篱、铁丝、木条等将草场分为若干个小区进行轮牧。此法可使草地得到休息、减少践踏，可增加牧草恢复生长的机会，提高了草场的利用率。

③条牧。条牧是指在固定围栏中，用移动式电围栏隔成一个长

条状的小区,每天移动电围栏1次,更换下一个小区。条牧比划区轮牧更能提高草场利用率,适用于较好的草场。

2)放牧时间。根据各地气候条件和植物生长条件,可以将草场划分为三季牧场或四季牧场。四季牧场划分方法如下。

①春季牧场(2—4月)。气候变化大,有些地方仍是天寒地冻。此时可短期放牧,大部分时间则是进行舍饲。

②夏季牧场(5—7月)。气候已变暖变热,牧草茂盛,所以说夏季是放牧的黄金时期。可充分利用此时的优势,进行全天放牧。

③秋季牧场(8—10月)。秋季对于牛群抓秋膘和安全过冬等极为重要。

④冬季牧场(11—次年1月)。此时天寒草枯,牧草质劣、量少,应以舍饲补料为主,以放牧为辅,晚出,早归。

4. 架子牛的运输

(1)准备工作。在运输架子牛之前,应当备齐以下各种证件。

1)出境证明。包括准运证和税收证据。

2)兽医卫生健康证件。包括非疫区证明、防疫证,铁路运输时还必须要有检疫证明,可由各级铁路兽医检疫站进行检疫出证。

3)车辆消毒证件。此为证明车辆已消毒的凭证。

4)自产证件。用于证明畜主产权。

(2)运输管理。在架子牛的运输过程中,应尽量想办法减少运输应激反应,以减少体重损失。常用方法如下。

1)合理装载,不超量或装运不足。

2)运输过程中忌对牛粗暴鞭打。

3)运输前停喂轻泻性的青贮、麸皮等饲料。

4)运输前给牛注射或口服相关药物。

四、成年牛的肥育

1. 成年牛的特点

用于肥育的成年牛往往是役牛、奶牛和肉用母牛中的淘汰牛，所以成年牛的肥育也称老龄牛的肥育。这类牛一般年龄较大、产肉率低、肉质差，经过肥育，可增加肌肉纤维间的脂肪沉积，进而改善肉的味道和嫩度。

2. 成年牛的肥育

（1）肥育期限。肥育期一般为 90 天左右，可分 3 个阶段。

1）第 1 阶段（20 天左右）。在此阶段要驱虫健胃，让牛尽快适应肥育用日粮和环境条件。

2）第 2 阶段（40~50 天）。牛食欲好、增重快，要增加饲喂次数，尽量提高采食量。

3）第 3 阶段（20~30 天）。牛食欲可能有所下降，给料应少给勤添，还要提高日粮的营养浓度。

（2）饲料的选择。为实现增加成年牛体内脂肪的目的，日粮应以能量饲料为主，其他营养物质只要能满足基本生命活动的需要即可。另外，酒糟、甜菜渣等均是成年牛肥育的好饲料，可适当搭配精料，用于成年牛的肥育。

模块 3　高档牛肉生产

一、高档牛肉概述

高档牛肉是指优质牛肉中的精选部分。高档牛肉肌纤维细嫩、多汁，肌间有一定的脂肪，所制作的食品既不油腻也不干燥，鲜嫩可口。高档牛肉一般包括牛柳、西冷和眼肉。高档牛肉只占体重的5%~6%，占胴体的8%~10%，但价格比普通牛肉高十几倍，占牛总价值的46%~47%。据报道，饲养1头高档肉牛，可比饲养当地品种牛增加2 000元左右的收入。

二、高档牛肉生产中应具备的主要指标

1. 活牛

（1）年龄。30月龄以内。

（2）活重。500 kg以上。

（3）膘情。满膘（看不到骨头突出点）。

（4）体形外貌。长方形，腹部不下垂，头方正而大，四肢粗壮，尾下平坦无沟，背平宽；肩部、胸垂部、背腰部、臀部皮较厚，并有较厚的脂肪层。

2. 胴体

（1）脂肪。胴体体表覆盖的脂肪颜色洁白，覆盖率80%以上，脂肪坚挺。

（2）胴体外形。胴体外形无严重缺损。

3. 牛肉的品质

（1）嫩度。咀嚼容易，不留残渣，不塞牙。

（2）大理石花纹。根据我国实行的大理石花纹分级标准，应为1级或2级。

（3）肉块重。每条牛柳重2.0 kg以上，每条西冷重5.0 kg以上，每块眼肉重6.0 kg以上；大米龙、小米龙、膝圆和腱子肉等质优量多。

（4）多汁。牛肉质地松弛，多汁色鲜，风味浓厚。

（5）烹调。符合西餐烹调要求。

目前，市场上常见的高档牛肉有高档小白牛肉、高档小牛肉、高档架子牛肉等，主要供应于一些高档的酒店消费市场。

三、生产高档牛肉必须具备的条件

1. 有稳定的销售渠道。
2. 有优良的架子牛来源。
3. 有肉牛自由采食、自由饮水或拴系舍饲的科学饲养设备。
4. 有高水平的技术人员。
5. 有优良丰富的草料资源。
6. 有配套的屠宰、胴体嫩化处理、分割、包装、贮藏等设施。

四、高档肉牛肥育技术要点

1. 选择优良品种

目前,我国生产高档牛肉的牛品种主要有夏洛莱牛、利木赞牛、安格斯牛、皮埃蒙特牛等肉用品种或西门塔尔牛乳肉兼用品种以及它们与本地黄牛的杂交后代。

2. 年龄

生产高档牛肉最佳的开始肥育年龄为 12~16 月龄,终止肥育年龄为 24~28 月龄。30 月龄以上的肉牛,一般生产不出特别高档的牛肉。

3. 性别

生产高档牛肉最好用阉牛,其脂肪含量高,胴体等级高于公牛。

4. 肥育期和出栏体重

生产高档牛肉的牛,肥育期不能过短,一般 12 月龄牛的肥育期为 8~9 个月,18 月龄牛的肥育期为 6~8 个月,24 月龄牛的肥育期为 5~6 个月。出栏体重应达 500 kg。

5. 高强度肥育

用于生产高档牛肉的优质肉牛必须经过 100~150 天的高强度肥育。犊牛及架子牛阶段可以放牧饲养,也可以围栏或拴系饲养,其间,日粮以粗饲料为主,精料占日粮的25%左右,日粮中粗蛋白含量为12%。最后阶段日粮改为以精料为主。

五、常见高档牛肉生产技术

1. 小白牛肉生产技术

(1) 小白牛肉的概念及特点。小白牛肉是指犊牛从出生到出栏,仅经过90~100天,而且完全用全乳、脱脂乳或代用乳饲养,不喂其他任何饲料,体重在100 kg左右屠宰后获得的牛肉。

小白牛肉的特点是:肉色呈白色或稍带浅粉色,柔嫩多汁,味道极为鲜美,营养价值高,蛋白质含量比一般牛肉高63%,脂肪含量比一般牛肉低95%,人体所需氨基酸和维生素含量丰富。其价格高出一般牛肉8~10倍。

(2) 犊牛的选择。犊牛要选择优良品种,要求初生重为38~45 kg,生长发育快,身体健康,消化吸收功能强。

(3) 肥育技术。犊牛出生后1周内,一定要吃足初乳。出生3天后应与母牛分开,实行人工哺乳,每日哺喂3次。近年来多采用代乳粉哺喂,以降低生产成本。肥育期平均日增重0.8~1.0 kg。

(4) 管理技术。牛栏内多采用漏粪地板,不可让牛直接接触泥土。应圈养,每圈10头,每头牛占面积2.5~3.0 m²。舍内要求光照充足、干燥、通风良好,温度在15~20 ℃。

2. 小牛肉生产技术

(1) 小牛肉的概念及特点。小牛肉是犊牛出生后肥育至6~12月龄,以乳为主,辅以少量精料培育,体重为250~400 kg,屠宰后获得的牛肉。小牛肉分小胴体和大胴体。犊牛肥育至6~8月龄,体重为250~300 kg,屠宰后所得小牛肉称为小胴体。肥育至8~12月龄,体重为350 kg以上,屠宰后所得小牛肉称为大胴体。小牛肉的特点是肉色呈粉红色,肉质多汁鲜嫩,风味独特,价格昂贵。

（2）犊牛选择。选择早期生长发育速度快的品种，如肉用牛的公犊和淘汰母犊。以公犊为佳，不去势，要求初生重在 35 kg 以上，健康无病，无缺损。

（3）肥育技术。犊牛出生后 3 天内可以随母哺乳，也可以人工哺乳，出生 3 天后必须改为人工哺乳，1 月龄内按体重的 8%~9%喂给牛奶。精料量从 7~10 日龄开始练习采食后逐渐增加到 0.5~0.6 kg，青干草和青草可任其自由采食。1 月龄后喂奶量保持不变，精料和青干草则继续增加，直至肥育到 6 月龄为止。可以在此阶段出栏，也可以继续肥育，最迟 12 月龄时需出栏。

（4）管理技术。犊牛在 4 周龄前要严格控制喂奶速度、奶温（37~38 ℃）及奶的卫生等，以防消化不良或腹泻。5 周龄以后可拴系饲养，减少运动，每天晒太阳 3~4 h。每天刷拭 1 次，饲喂 2~3 次，让牛自由饮水。

3. 高档架子牛肉的生产技术

高档架子牛肉在嫩度、风味、多汁性等主要指标上，必须达到规定的等级标准。一般来说，每头高档肉牛可生产达到标准的高档牛肉 30~40 kg（其余肉作为普通牛肉出售）。肥育高档肉牛，具有十分显著的经济效益。

（1）架子牛的快速肥育技术。一般架子牛快速肥育需要 120 天左右，可以分为以下 3 个阶段。

1）过渡驱虫期。这一时期主要是让牛熟悉新的环境、适应新的草料条件，消除运输过程中造成的应激反应，恢复牛的体力和体重，观察牛只健康状况，健胃、驱虫、决定公牛去势与否等。

日粮中精料比例为 30%，日粮中蛋白水平为 12%。精料以外的其他饲料要求品质优良。

2）肥育前期。这一时期的主要任务是让牛逐步适应精料型日粮，防止发生膨胀病、腹泻和酸中毒等疾病。

日粮中精料比例由 30% 增加到 60%,具体操作时,可按牛只的实际体重每 100 kg 喂给含蛋白质水平 11% 的配合精料 1 kg。这一时期日增重可达 1.0 kg。

3) 肥育后期。该时期主要是让牛把大量精料吃掉,可以增加饲喂次数,原来喂 2 次的可以增加到 3 次,且保证充足饮水。

日粮中精料比例可进一步增加到 70%,甚至是 85%,生产中可按牛只的实际体重每 100 kg 喂给含蛋白质 9.5%~10% 的配合精料 1.1~1.2 kg。日粮中粗料比例降到 30%,甚至是 15%,日增重 1.2~1.5 kg。这一时期的肥育常称为高强度肥育。

(2) 养殖阶段

1) 严格控制年龄。肥育牛要求挑选 6 月龄断奶的犊牛,体重 200 kg 以上,肥育到 18~24 月龄屠宰。

2) 严格要求屠宰体重。肥育牛到 18~24 月龄(即屠宰前)的活重应达到 450 kg 以上。肥育高档肉牛,既要控制肥育牛的年龄,又要控制屠宰体重,二者都很重要。

3) 选择优良品种。肥育高档肉牛最好挑选杂交牛(肉牛与本地黄牛杂交的一代牛)。因为杂交一代肉牛增重快,而且牛肉品质优良。另外,选用我国优良的地方品种牛,也可生产出高档牛肉。

4) 一般饲养阶段的管理。时间一般为 4 个月,在这一肥育阶段,日粮以粗饲料为主,精料占日粮的 25%,日粮中粗蛋白含量为 12%,牛日采食干物质 4 kg 左右,肥育牛日增重 500 g 左右。

5) 加强饲养阶段的管理。时间为 8 个月,如果肥育牛计划到 18 月龄、体重 500 kg 左右时屠宰,后 8 个月的饲料应做如下安排。

①250~350 kg 体重阶段。日粮中精料占 55%,粗蛋白含量 11%,每头牛日采食干物质 6.2 kg,饲养期 65 天,日增重 700 g 左右。

②350~450 kg 体重阶段。日粮中精料占 75%,粗蛋白含量 11%,每头牛日采食干物质 7.6 kg,饲养期 55 天,日增重 1.1 kg

左右。

③450~500 kg 体重阶段。日粮中精料占 75%~80%，粗蛋白含量 10%，每头牛日采食干物质 7.6~8.5 kg，饲养期 120 天，日增重 1.1 kg 左右。

6）科学规范化的饲养管理

①公牛去势。肥育前对公牛进行健康检查、驱虫防疫、去势。

②饲料成分。精料组成举例：玉米 62%、麸皮 10%、豆饼 15%、高粱 10%、贝壳粉 2%、食盐 1%。其他饲料以新鲜的牧草、豆科青干草、农作物秸秆制作的优质青贮、氨化、微贮饲料为主。

③舍饲或围栏饲养。肥育牛要采用牛舍或围栏饲养。舍饲时，要 1 牛 1 桩固定拴系，缰绳不宜太长；围栏饲养时，肥育牛散养在围栏内，每栏 15 头左右，每头牛占面积 4~5 m²，自由采食、饮水。日粮中精料比例上升到 75% 以上时，要注意牛胀肚后腹泻，一旦发病要及时治疗。

 小知识

肉牛产肉性能的评定

1. 生长肥育期的评定

（1）初生重。初生重指犊牛出生后吃初乳前的活重。

（2）断乳重。断乳重指犊牛断奶时的体重。

（3）哺乳期日增重。哺乳期日增重指断乳前犊牛平均每天的增重。

$$哺乳期日增重（kg）= \frac{断奶体重（kg）-初生重（kg）}{断奶时日龄}$$

（4）肥育期日增重

$$肥育期日增重（kg）= \frac{期末重（kg）-初生重（kg）}{肥育期天数}$$

（5）饲料利用率。饲料利用率是反映饲料利用程度和效果的指标，可用增重或生产 1 kg 牛肉所需饲料干物质的质量来表示。

1) 每增重 1 kg 所需饲料干物质的质量（kg）

$$所需饲料干物质的质量（kg）/增重 1 kg = \frac{饲养期内共消耗饲料干物质的质量（kg）}{饲养期内净增重（kg）}$$

2) 每生产 1 kg 肉所需饲料干物质的质量（kg）

$$所需饲料干物质的质量（kg）/生产 1 kg 肉 = \frac{饲养期内共消耗饲料干物质的质量（kg）}{屠宰后的净肉重（kg）}$$

2. 肥度评定

目测和触摸是评定肉牛肥育程度的主要方法。通过肥度评定，结合体重，可初步估计肉牛的产肉量。

肉牛肥度评定分 5 个等级。

特等：肋骨、脊骨和腰椎横突都不明显，腰角与臀端呈圆形，全身肌肉发达，肋部丰满，腿肉充实并向外突出和向下延伸。

一等：肋骨、腰椎横突都不明显，但腰角与臀端未圆，全身肌肉较发达，肋部丰满，腿肉充实但不向外突出。

二等：肋骨不甚明显，臀部肌肉较多，腰椎横突不甚明显。

三等：肋骨、脊骨明显可见，臀部如屋脊状，但不塌陷。

四等：关节完全暴露，臀部塌陷。

3. 屠宰测定

(1) 屠宰指标测定

1) 宰前活重。称取停食 24 h、停水 8 h、临宰前牛只体重。

2) 宰后重。称取屠宰放血后的质量或宰前重减去血重。

3) 血重。称取屠宰放出的血的质量，或者用宰前活重减去宰后重。

4) 胴体重。称取屠体除去头、蹄、下水、皮、尾的重量。

5) 净肉重。称取胴体剔骨后所有肉的质量。

6) 骨重。称取胴体剔肉后所有骨头的质量。

(2) 产肉能力的主要指标计算

1) 屠宰率。屠宰率为胴体重占宰前活重的百分比。

$$屠宰率 = \frac{胴体重}{宰前活重} \times 100\%$$

肉用牛的屠宰率一般为 60%~65%，兼用牛的屠宰率一般为 53%~54%，奶牛的屠宰率一般为 50%~51%。屠宰率 50% 为中等，60% 以上为高，有些专用肉牛品种的屠宰率为 65% 以上。

2）净肉率。净肉率为净肉重占宰前活重的百分比。

$$净肉率 = \frac{净肉重}{宰前活重} \times 100\%$$

良种肉牛在较好的饲养管理条件下，肥育后净肉率在 45% 以上。

3）胴体产肉率。胴体产肉率为净肉重占胴体重的百分比。胴体产肉率一般为 80%~85%。

$$胴体产肉率 = \frac{净肉重}{胴体重} \times 100\%$$

4）肉骨比。肉骨比指净肉重与骨重的比值，又称产肉指数。肉用牛一般为 5:1。

$$肉骨比 = \frac{净肉重}{骨重}$$

5）眼肌面积。眼肌面积为倒数第 1 和第 2 肋骨间脊椎上背最长肌（眼肌）的横截面积。

6）高档肉比例。生产中常需计算净肉中高档肉比例和宰前活重中高档肉比例。

$$净肉中高档肉比例 = \frac{高档肉总重}{净肉重} \times 100\%$$

$$宰前活重中高档肉比例 = \frac{高档肉总重}{宰前活重} \times 100\%$$

第7单元 牛群繁殖技术

模块1　母牛的发情

一、母牛发情概述

1. 发情概念及特征

（1）发情概念。母牛发育到一定年龄（性成熟）后，在生殖激素的调节下会出现卵巢、生殖道和性行为的变化，常见的现象有哞叫不安、食欲减退、产奶量下降、有交配欲等。

（2）发情特征

1）卵巢。母牛发情时，卵巢上有卵泡发育、成熟和排卵的变化过程。这是母牛发情的内在表现，也是母牛发情的本质特征。

2）生殖道。母牛发情时，随着卵巢上卵泡的发育，在激素的调节下，母牛的生殖道会发生一系列的变化，如外阴部红肿、流出黏液等。

3）行为。母牛发情时，由于激素的作用，母牛在行为表现上出现许多变化，如兴奋不安、食欲减退、产生交配欲等。

2. 性机能的发育

母牛性机能发育经历了发生、发展和衰退停止的过程，此过程包括以下几个时期。

（1）初情期。母牛开始出现发情现象，一般为6~12月龄。

（2）性成熟期。初情期后母牛的生殖器官已发育成熟，此时的牛已具备了繁殖能力，一般为8~14月龄。

（3）适配年龄。性成熟后体重达到成年体重的70%，可以配种，一般为14~18月龄。

（4）体成熟。公母牛的各组织器官都已发育完成，体重达到成年体重。

（5）繁殖能力停止期。繁殖能力停止期指母牛衰老至失去繁殖能力的时期。母牛经过多年的繁殖，生殖器官逐渐老化，生殖机能逐渐退化直至停止。在此阶段牛一般13~15岁。

3. 发情周期

（1）发情周期的定义。母牛初情后整个机体会发生一系列的周期性生理变化。从时间上说，一个发情周期是指从一次发情开始到下次发情开始，或从一次发情结束到下次发情结束。母牛一般为18~24天，平均为21天。

（2）发情周期的划分

1）四分法

①发情前期。发情前期是发情的准备期，有卵泡发育，但尚无性欲表现。

②发情期。发情期是母牛性欲达到高峰的时期，外阴变化和行为表现明显，有强烈的交配欲。

③发情后期。发情后期是发情特征逐渐消失的时期，此时拒绝交配。

④间情期。间情期也称休情期，性欲消失，精神和食欲恢复正常。

2）二分法

①卵泡期。卵泡期是卵泡从开始发育至成熟、破裂并排卵的时期，表现出发情特征，相当于四分法的发情前期至发情后期。

②黄体期。黄体期是黄体开始形成至消失的时期,相当于四分法的间情期。

4. 发情季节

(1) 季节性发情。有些动物是季节性发情,只有适合的季节才有发情现象。

(2) 非季节性发情。有些动物的发情无季节之分,即常年发情。牛属于非季节性发情动物。

5. 乏情、产后发情和异常发情

(1) 乏情。乏情指初情期后不出现发情周期的现象,可分为季节性乏情、生理性乏情、病理性乏情3种。

1) 季节性乏情。季节性发情动物在非发情季节不发情,即会出现季节性乏情。

2) 生理性乏情。有妊娠期、泌乳性、衰老性乏情。

3) 病理性乏情。有营养性、应激性、疾病性乏情。

(2) 产后发情。产后发情指母畜分娩后出现的首次发情。

(3) 异常发情

1) 安静发情。外部表现不明显,但卵巢有卵泡发育成熟并排出。后备母牛初次发情、产后发情、季节性发情初期的安静发情是由于缺乏周期黄体。

2) 短促发情。发情持续时间短,如果不注意观察,很容易错过配种时机。多发生于青年母牛,在奶牛中发生率也较高。

3) 断续发情。发情持续时间很长,且发情时断时续。断续发情多见于早春和营养不良的母牛,是卵泡交替发育所致。

4) 持续发情。表现出持续而强烈的发情行为,经常从阴门流出透明黏液,阴门浮肿,荐椎韧带松弛,同时尾根举起,配种不受胎。

5) 假发情。假发情又称孕后发情,是母牛妊娠后的发情表现,要注意鉴别。在妊娠的前3个月内有3%~5%的母牛会出现发情,但往往不排卵。

二、母畜排卵

1. 排卵过程

排卵是指卵巢内发育成熟的卵泡破裂，卵子随卵泡液排出的生理过程。在人工授精情况下，排卵时间的确定对于掌握适当的输精时间十分重要，因而需要估计母牛的排卵时间。

2. 排卵时间

母牛从发情开始（接受爬跨）到排卵需 28～32 h，从发情结束（拒配）到排卵需要 12 h 左右。

3. 排卵数

排卵数是指在一个发情期内，母牛两侧卵巢所排出的卵子数。通常牛在 1 个发情期仅排 1 个卵子。排卵率受许多因素的影响，如品种、年龄、营养、遗传等，若在发情前给以高水平的营养，可增加排卵数目，提高繁殖力。

4. 黄体的形成和退化

（1）黄体的形成。母牛卵巢成熟卵泡破裂排出后，由于液体排空，卵泡腔内产生负压。卵泡膜的血管破裂出血，血积聚于原卵泡腔内形成凝块，称为血红体。血红体形成后 6～12 h，颗粒层内出现黄色颗粒，血红体被吸收变为黄体。一般在母牛发情周期的第 7～9 天，黄体达到最大体积。

（2）黄体的退化。如果配种未孕，则此时的黄体称为性周期黄体（或假黄体），一段时间（排卵后第 12～17 天）后会消失。如果怀孕，黄体会继续存在并稍有增大，此时的黄体称为妊娠黄体（或真黄体）。妊娠黄体会分泌孕酮，以维持妊娠生理需要，直到妊娠将结束时妊娠黄体才消失。

三、母牛的发情鉴定

在牛的繁殖过程中,发情鉴定是一个重要的技术环节。通过发情鉴定,可以尽快找出发情母牛,不至于失掉配种时机;可以确定最适宜的配种时间,以求减少配种次数,提高受胎率;可以判断母牛的发情阶段以及发情是否正常,以便确定配种适期或发现疾病,从而达到提高畜牛利用率的目的。

1. 外部观察法

根据母牛的外在行为表现来判断其发情程度,从而确定配种时间的方法称为外部观察法。此方法是临床中鉴定母牛发情最常用的方法。

(1) 行为表现。母牛发情时,往往表现不安,时常哞叫,食欲减退,爬跨他牛或接受爬跨,甩尾,频频排尿等。

(2) 外阴部变化。外阴红肿,阴道流出透明的条状黏液。

2. 试情法

利用结扎输精管或做过阴茎倒转术的试情公牛进行试情,根据母牛对公牛的反应情况来判断母牛是否发情。母牛发情时,愿意接近公牛,弓腰举尾,接受爬跨和配种。而发情结束或未发情时,则远离公牛,拒绝爬跨。

3. 阴道检查法

阴道检查法是通过检查阴道内部情况来鉴定发情的一种方法。在检查过程中,需将扩张器插入母牛阴道,之后观察阴道黏膜色泽、黏液性状以及子宫颈口的张开情况。由于该方法多用于体形较大的母牛,且无法准确判断排卵时间,因此在临床中仅作为辅助检测方法。

(1) 阴道检查方法

1) 首先将母牛牵入保定架内,洗净并消毒其外阴部。

2）在做发情鉴定前，将扩张器洗净并消毒。消毒时用75%的酒精棉球擦拭消毒或用酒精灯火焰消毒，最后涂上润滑剂（消毒的液体石蜡）。

3）工作人员右手持扩张器，用左手拇指与食指拨开母牛的阴门，将扩张器插入阴道顶端，横转张开，然后进行观察。

4）观察过程要迅速，否则时间过长对阴道黏膜刺激过大。扩张器抽出时不可完全闭合，以免夹伤阴道黏膜。

（2）发情母牛阴道的主要变化

1）发情初期。在发情初期，做发情鉴定时插入扩张器有阻力，阴道黏膜呈粉红色、无光泽、有少量黏液，子宫颈外口略张开。

2）发情高峰期。阴道黏膜潮红，有强光泽和滑润感，阴道黏液中常常有血丝，子宫颈外口充血、肿胀、松弛、张开。此期末输精较为合适。

3）发情末期。阴道黏膜色泽变淡，黏液量少而黏稠，子宫颈外口收缩闭合。

4. 直肠检查法

直肠检查法是工作人员将手伸进母牛的直肠内，隔着直肠壁触摸检查卵巢上卵泡发育的情况，以便确定配种适期。直肠检查法是目前判断母牛发情比较准确而最常用的方法。

（1）检查前的准备

1）母牛的准备。将被检母牛牵入保定架内保定，把牛尾巴拉向一侧。

2）工作人员的准备。工作人员先将手指甲剪短磨光，以免损伤肠壁，然后穿上工作服，洗净消毒手臂后涂上滑润剂。

（2）检查方法。检查时，先掏出母牛直肠宿粪。工作人员五指并拢成锥状，慢慢插入母牛肛门，手指扩张后退，刺激其肛门括约肌诱导排粪，当引起母牛直肠努责将粪排出时，可暂时先阻止其排出,待母牛屡经努责后可再让其排出。通过这种做法,往往一次便可将直肠后部的宿粪排净,以利于检查。

在进行直肠检查时,工作人员将手伸进直肠,然后根据母牛卵巢在牛体内的解剖部位寻找卵巢,并触摸卵泡的变化情况。

牛的卵巢、子宫较浅,生殖器官集中在骨盆腔内。直肠检查时排出宿粪之后,将手伸入直肠约一掌左右,掌心向下寻找到子宫颈(有似软骨感觉),然后顺子宫颈向前,可触摸到子宫体,再稍向前在子宫大弯处的后方即可摸到卵巢。此时便可仔细触摸卵巢的大小、质地、形状并判断卵泡发育情况。摸完一侧卵巢后,再将手移至子宫分叉部的另一侧以同样的方法触摸卵巢。

母牛的卵泡发育可分为下列 4 个时期。

1) 卵泡出现期。卵巢稍增大,触摸时感到有一黄豆粒大的软化点,直径在 0.5~0.7 cm。此期持续 6~10 h,一般母牛已开始出现发情特征,但此期不予配种。

2) 卵泡发育期。获得发育优势的卵泡体积迅速增大,卵泡直径为 1~1.5 cm,呈球形突出于卵巢表面。持续期为 10~12 h。母牛的发情表现由显著到逐渐减弱,此期一般不配种或酌情配种。

3) 卵泡成熟期。卵泡体积不再增大,卵泡壁变薄、变紧,检查直肠时有一触即破之感。母牛的发情特征由微弱到消失,此期必须抓紧配种。

4) 排卵期。卵泡破裂排出卵子,卵泡液流失,卵泡壁变得松软,并形成一个小的凹陷。排卵后 6~8 h 即开始形成黄体,并突出于卵巢表面,此时已摸不到排卵处的凹陷。排卵时间通常在性欲消失之后的 10~12 h,而夜间卵巢排卵者比白昼多,右侧卵巢排卵的比左侧多。此期不宜再配种。

5. 生物和理化鉴定法

(1) 仿生法。应用仿生学的方法模拟公牛的声音,或利用人工合成的外激素模拟公牛的气味，测试母牛是否发情。

（2）孕酮含量测定法。测定母牛的血液、尿液、乳汁中孕激素的含量，进而判断母牛是否发情。

（3）生殖道分泌物 pH 测定法。母牛性周期的不同阶段，其生殖道分泌物的 pH 值会发生一定的变化。发情旺盛时分泌物为中性或弱碱性，黄体期偏酸性。

模块 2　母牛的人工授精

一、器械的准备

人工授精器械主要有试验室用的器械和实际生产用的器械 2 种。试验室的器械包括显微镜及成套用具、精液品质检查成套用具；生产用的器械包括液氮罐、输精成套器械、水桶水盆等。

二、精液的准备

1. 精液品质检查

精液品质的检查方法有感官检查和显微镜检查，现已普及使用冷冻精液，主要是进行试验室显微镜检查。

（1）精子活率（也称活力）。精子活率是指精液中呈直线前进运动的精子占全部精子的百分数。精子的受精能力和精子活率有密切的关系，活率评定必须在每次采精后、精液稀释后和输精前各进行 1 次。精子活率受温度的影响很大，温度过高时，精子活动激烈，会很快死亡；温度过低时，则精子活动不充分，也会影响评定结果。因此，进行精子活率评定时，应把显微镜置于恒温电热板上，检查时的温度应以 38~40 ℃ 为宜，如图 7-1 所示。

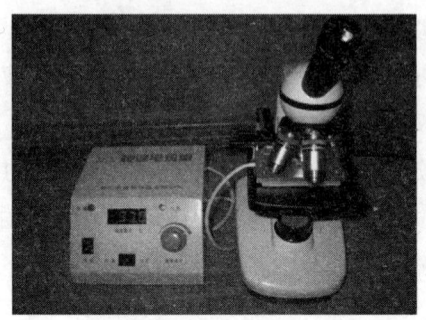

图7-1　显微镜置于恒温电热板上

1）活率的评定方法

①平板压片法。取载玻片1块,用自来水冲洗干净,再用蒸馏水冲洗,晾干。用干净的滴管吸取精液,滴1滴于载玻片中央,同时再加1滴生理盐水。取盖玻片1块,小心均匀地盖于精液的液面(不应有气泡),制成压片标本进行观察。

②悬浮法。取盖玻片1块,洗净后晾干。用干净的滴管吸取精液,滴1滴于盖玻片中央,同时再加1滴生理盐水。然后取凹玻片1块,把滴有精液的盖玻片反放于凹玻片的凹窝上,再把凹玻片置于400~600倍显微镜下观察。精液悬滴检查精子活率示意图如图7-2所示。

图7-2　精液悬滴检查精子活率示意图

2）活率的评定操作。活率可根据显微镜视野中直线前进运动精子数所占的比例评定。在评定活率时,通常采用十级评分法和五级评分法。十级评分法即把视野中直线前进运动精子占视野中精子的估计百分数分为10个等级。如视野中90%以上的精子呈直线前进运动,活率评定为"0.9";视野中80%以上的精子呈直线前进运动,活率评定为"0.8";依此类推。五级评分法:全部精子都呈直线前进运动者属于"5"级,绝大多数精子(约80%)呈直线前进运动者为"4"级,直线前进运动的精子略多于半数者(约60%)为"3"级,略不及半数者为"2"级,呈直线前进运动的精子数目极少者属于"1"级。在生产中,通常把精子的活率检查和密度检查同时进行,然后进行精液质量综合评定,详见表7-1。

表7-1　　　　　　　　　精液质量综合评定

精子情况		精子密度		
		密	中	稀
有直线前进运动（活率五级评分）	5	是	是	否
	4	是	是	否
	3	否	否	否
	2	否	否	否
	1	否	否	否
无前进运动	精子有摆动	否	否	否
	精子不活动	否	否	否

注:"是"表示精液合格,"否"表示精液不合格。

(2)精子密度。单位体积中精子数量即为精子密度。常用密度测定方法有估测法和血细胞计数法2种。

1)估测法。取原精液1滴,用平板压片的方法,置于显微镜下检查,按密度可划分为3级,即密、中、稀,如图7-3所示。

密:精子布满整个视野,看不清单个精子运动状态。估测每毫升精液的精子数为10亿以上。

中:精子之间空隙明显,彼此之间距离有1个精子的长度。估测每毫升精液精子数为8亿~10亿。

稀:视野中精子分布稀疏,精子间距离超过1个精子的长度。估测每毫升精子数为8亿以下。

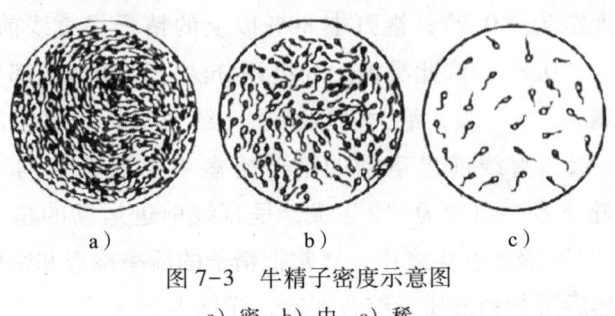

图 7-3 牛精子密度示意图
a) 密 b) 中 c) 稀

2) 血细胞计数法。精确测定精液中精子数目时，可用血细胞计数器，其方法与红细胞、白细胞计数方法一样。

(3) 精子形态检查。精子的形态正常与否直接影响着母牛的受胎率高低。异常精子的种类很多，现针对常见的介绍如下。

1) 精子畸形。形态不正常的精子称畸形精子。精子畸形主要有以下几类。

①头部畸形。头部巨大、瘦小、细长、呈圆形、皱缩、缺损等。

②颈部畸形。颈粗大、纤细、曲折、不全等。

③中段畸形。中段粗大、纤细、不全、曲折、有双体等。

④主段畸形。主段曲折、短小、缺损、有双尾等。

精子畸形的检查方法为：取原精液一滴，均匀地涂在载玻片上，干燥 1~2 min 后，用 96% 的酒精固定 2~3 min，再用亚甲蓝或墨水（红色或蓝色）染色 1~2 min，接着用蒸馏水轻轻冲洗，干燥后即可镜检。通常统计 300~500 个精子，计算出畸形精子的百分率。

一般品质优良的牛精液，精子的畸形率小于 18%。

2) 精子顶体异常。顶体异常的精子常见缺陷有肿胀、缺损、部分脱落、全部脱落等。一般鲜精液中精子顶体的异常率低于 14%。精子顶体异常的检查方法如下。

①涂片。取鲜精液 5~6 滴，用生理盐水稀释（在 35~37 ℃下进

行），然后滴1滴精液于载玻片上，用另一载玻片以35°斜角轻轻把精液抹平，自然干燥5~20 min。

②固定。涂片干燥后，用5%的福尔马林固定。

③染色。用吉姆萨染色液染色，水洗并干燥后，用树脂封闭，制成标本。

④镜检。在400~600倍显微镜下检查，统计500~1 000个精子，计算顶体异常率。

2. 精液的保存

稀释精液后即可对其进行保存，经保存可延长精子的存活时间，以便使用和运输。保存方法有常温保存、低温保存（0~5 ℃）和冷冻保存（-196~-79 ℃）3种。冷冻分干冰冷冻和液氮冷冻，使用液氮冷冻保存是现阶段普遍使用的保存方法，因此我们必须了解液氮，掌握液氮容器的使用方法。

（1）液氮的特性及其使用。液氮是以空气为原料，经压缩、冷却分离出的液化氮，具有超低温属性。利用这个特点可以对精液长期保存。

液氮无色、无臭、无毒，具有低渗透性，放置液氮的工作室应通风良好；液氮还具有膨胀性，液氮罐不可密封，以防内压增大而引起爆炸；液氮虽然温度很低，但不能杀菌，多数微生物能在液氮内生存。

在使用液氮时，为减少液氮的蒸发，应把液氮容器置于温度较低的室内。使用液氮时应防止溅出，防止冻伤，在操作时要有防护用品（如皮手套、工作服、护目镜等），不要触碰与液氮接触过的导液管。

（2）液氮容器的使用

1）液氮容器的分类。液氮容器分为开放式（常压）和密闭式（耐压，当容器内压强达到一定程度时，限压阀会自动排气减压）2

种。在贮存冷冻精液时常用开放式液氮容器。生产上通常使用的开放式液氮容器为液氮罐,如图7-4所示。液氮罐分为贮存型和运输型,两者在结构上的主要区别是运输型内部有侧面支撑和底部支撑,具有一定防震能力。运输型液氮罐既可运输液氮和冷冻精液,又可对精液静置保存,而储存型液氮罐仅适合静置保存液氮及冷冻精液或其他生物样本。液氮罐是由不锈钢制成的双层壁(罐壁分为内外两层)真空绝热容器,夹层抽成真空,并装有绝热材料和吸附剂;罐颈为高热阻材料,罐塞由绝热性能良好的塑料制成;提筒因罐形、罐体规格不同而不同,一般提筒的手柄挂于罐口的分度圈上。在搬运过程中要防止碰撞,因强烈撞击可能导致液氮罐爆炸。

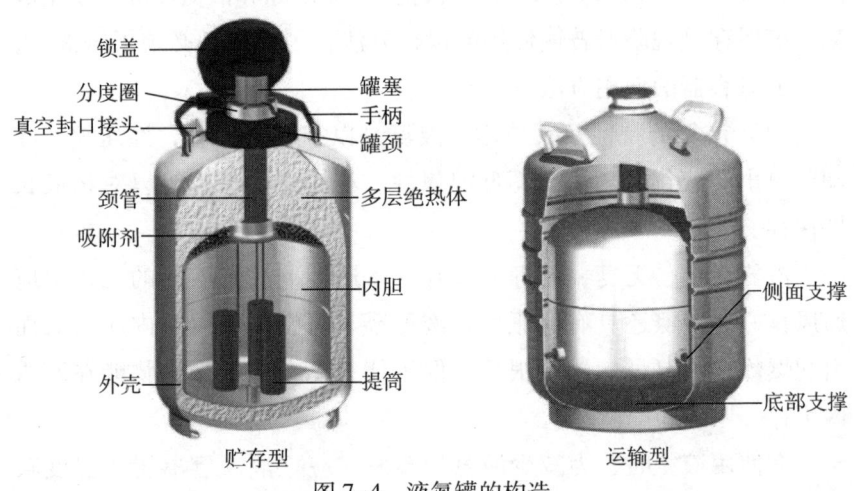

图7-4 液氮罐的构造

2)液氮罐的使用方法

①检查容器。使用液氮罐之前,必须细致检查有无破损和缺件,内部有无异物,是否干燥。然后装入液氮观察24 h,确定液氮的损耗率不大,确保安全后方可使用。

②保养容器。液氮罐每年应清洗1~2次,以免积水、精液、杂

菌腐蚀内壁。

③贮精与精液的提取。贮存精液时，管理人员应熟知液氮罐的空重和液氮的量，要定时测量，量少时及时添加，尽量减少液氮罐的开启次数，开罐后应及时盖好。贮精过程中发现液氮消耗显著时，应立即更换液氮罐。贮存的冻精需要向另一容器转移时，在外面的停留时间不能超过 5 s。取放精液时，不要把盛冻精的提筒提到罐口之外，只能提到颈基部，若 15 s 还没取完，应将提筒放回，经液氮浸泡后再继续提取。

④注意事项。应将液氮罐放在干燥、通风的室内，底部垫以木板或毛毡，以防潮湿。使用时必须小心，避免震动，可在液氮罐外装保护箱，箱内填充棉絮。运输途中要避免碰撞和翻倒。提筒出入、添加液氮均应防止碰撞罐颈和分度圈。开启锁盖时要防止罐塞从接口处脱落。此外，还应定期（间隔 5~10 h）称重，了解液氮消耗率（消耗过快时一般罐壁会挂白霜）。

3. 冻精的解冻

冻精可分为细管冻精和颗粒冻精，现在普遍使用的是细管冻精。将细管冻精直接放入 38~40 ℃温水中解冻，待细管由乳白色变透明时取出即可。

三、母牛输精

1. 输精前的准备

输精是人工授精的最后一个环节。输精就是适时而准确地把一定数量的优质精液输送到发情母牛生殖道的适当部位，是保证母牛得到较高受胎率的重要环节。

（1）输精用具的准备。输精用具主要有输精管、输精枪、扩张器、反光镜或手电筒等。

1）清洗消毒。所有输精用具须在使用前清洗干净，然后进行消毒处理。玻璃或金属输精器可用蒸汽或者酒精，也可放入干燥箱内消毒；胶管输精器可用酒精或蒸汽消毒；扩张器及其他金属用具可浸泡于消毒液中消毒，或用酒精消毒。

2）用具数量。输精枪（或者输精管）一般以每头母牛1支为宜。

3）用精液稀释液冲洗用具。消毒后的输精管等在临用前需用精液稀释液冲洗。

（2）母牛的准备

1）母牛保定。将准备输精的母牛牵入保定架内保定，并把尾巴拉向一侧。

2）清洗消毒。母牛保定后，首先用温清水洗净其外阴部，然后进行消毒，最后用消毒布擦干。

（3）输精人员准备。输精员应穿好工作服，剪短、磨光指甲，洗净手臂，擦干后用75%的酒精或2%的来苏水消毒。为牛输精时，需戴上胶皮手套。

（4）精液准备。使用冷冻精液时，必须先解冻，然后进行镜检，精子活率不低于0.3时，方可用于输精。

2. 输精的基本要求

（1）输精时间和次数。掌握好适宜的输精时间是母牛受胎成功的关键。输精时间的确定需考虑母牛排卵时间、精子和卵子在母牛生殖道内保持受精能力的时间、精子获能时间、精子和卵子到达受精部位的时间等因素。

母牛的发情持续期一般为1~2天，排卵发生在发情结束后12 h左右，一般在排卵前6~12 h输精受胎率较高。

在生产中，母牛的输精时间安排：早上发情的，当天下午输精；下午发情的，第二天早晨输精。采取2次输精方法时，间隔应在8~10 h。输精次数以1个情期内1~2次为宜。

（2）输精部位和输精量。母牛的输精部位是子宫体，输精量为液态精液 1~2 mL，冷冻精液 0.2~1.0 mL。

3. 输精方法

牛的输精方法有阴道扩张器输精法和直肠把握子宫颈输精法 2 种。前者较少使用，因此仅简要介绍。

（1）阴道扩张器输精法。用阴道扩张器打开阴道，将吸有精液的输精器插入子宫颈 2~3 cm 慢慢注入精液，再退出输精器和扩张器。

（2）直肠把握子宫颈输精法

1）把输精母牛牵到保定架内保定好，用清水洗净外阴部周围的污垢。

2）输精员左手呈楔形伸入母牛直肠，掏出粪便，寻找母牛子宫颈，并用手握住。

3）输精员右手持输精管，斜向上插入母牛阴道口，然后把输精管向前水平插入阴道深处。

4）当输精管碰到宫颈后，左右手配合，将输精管插入子宫颈口，然后小心穿过子宫颈口，最后插入子宫。在插入过程中遇到阻力时，切勿强行插入，此时应把输精管稍向后拉，两手配合，再尝试插入。

5）当输精管经阴道和子宫颈口插入子宫体深处（距宫颈口 5~10 cm）即可输入精液。

模块 3　母牛的妊娠诊断

一、配子概述

1. 配子的结构

牛的配子分为精子和卵子。

(1) 精子的结构。精子由头部、颈部和尾部构成,其中头部由顶体和细胞核组成,如图7-5所示。

(2) 卵子的结构。卵子由放射冠、透明带、卵细胞膜、卵细胞质和卵核等部分构成,如图7-6所示。

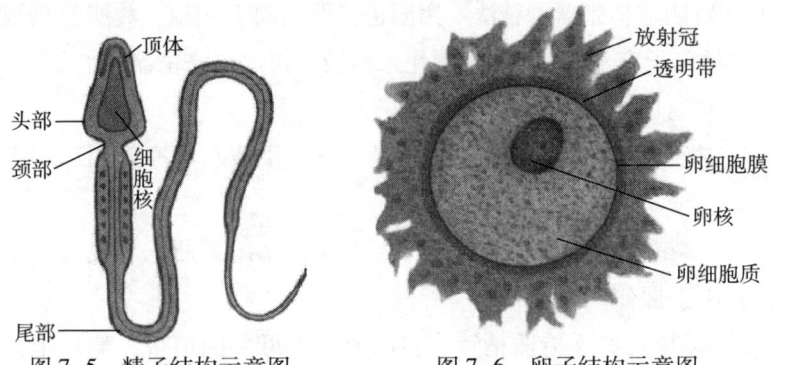

图7-5 精子结构示意图　　图7-6 卵子结构示意图

2. 配子的运行和获能

(1) 精子的运行。精子在母牛子宫和输卵管内借助自身的运动和阴道、子宫、输卵管肌肉的收缩运行到受精部位(输卵管壶腹部)。

精子在母牛生殖道内的存活时间为15~56 h,宜在28 h内完成与卵子的结合。

(2) 卵子的运行。卵子是借助输卵管纤毛的运动向前运行的。卵子排出后在输卵管内的存活时间为12~24 h,维持受精能力的时间为18~20 h。

(3) 精子的获能。精子在输卵管内获取能量。

二、受精过程

1. 精卵识别

获能的精子与充分成熟的卵子在输卵管壶腹部相遇,两者黏附结合。精子和卵子结合有种属特性，存在精子和卵子的相互识别，一般只有同种动物的精子和卵子才能结合。

2. 精子的顶体反应

获能后的精子头部顶体帽部分的质膜和顶体外膜在多处融合，产生小泡，形成许多小孔，使原来封存于顶体中的酶从小孔中释放，以溶解放射冠和透明带等。精子顶体上小孔的形成以及顶体内酶的激活、释放过程称为顶体反应。

3. 精子穿过放射冠

卵子被放射冠细胞包围，这些细胞以胶样基质粘连，精子获能发生顶体反应后，可释放透明质酸酶，溶解胶样基质，使精子顺利地通过放射冠细胞到达透明带的表面。

4. 精子穿过透明带，产生透明带反应

精子接触卵子的透明带后，进行短期附着和结合，顶体酶将透明带溶出一条通道，精子借自身的运动穿过透明带。

当精子接触卵细胞膜，会激活卵子，同时卵细胞膜发生收缩，释放出皮质颗粒。皮质颗粒在卵细胞膜表面迅速传播，还扩散到卵细胞质间隙，引起透明带阻滞后来的精子再进入透明带，这一变化称为透明带反应。

5. 精子穿过卵细胞膜，产生卵细胞膜反应

精子头部接触卵细胞膜表面，卵细胞膜的微绒毛抓住精子头，然后精子质膜与卵细胞膜相互融合形成统一膜覆盖于卵子和精子的表面，精子带着尾部一起进入卵细胞质。

当精子进入卵细胞膜时，卵细胞膜立即发生变化，具体表现为卵细胞质紧缩、卵细胞膜增厚，并排出部分液体进入卵细胞质间隙，这种变化称为卵细胞膜反应。卵细胞膜反应具有阻止多精子入卵的作用，又称为卵细胞膜封闭作用。

6. 原核形成

精子入卵后,引起卵细胞膜紧缩,发生一系列变化形成原核,即雄核和雌核。

7. 配子结合

雌、雄原核结合形成合子,即受精卵。

三、妊娠诊断

1. 妊娠生理

母牛的卵子在受精后成为受精卵,即胚胎。妊娠生理是指胚胎经过卵裂,发育成桑葚胚、囊胚和原肠胚及胎儿的一系列生理过程。

2. 妊娠母牛的变化

(1) 生殖器官的变化

1) 卵巢的变化。有妊娠黄体的存在,体积略大,质地较硬。

2) 子宫的变化。随着妊娠期的进展,胎儿逐渐增大,子宫也随之变大。

3) 阴道和阴门的变化。妊娠初期阴道干涩,阴门收缩;妊娠末期阴门阴道水肿,变得柔软而有利于胎儿产出。

(2) 母体的变化

1) 行为变化。性情温顺,行动谨慎。

2) 食欲变化。食欲增强,代谢旺盛。

3) 体重变化。因合成代谢旺盛和胎儿的增长,体重增大。

3. 妊娠期及预产期的推算

(1) 妊娠期。妊娠期是指母牛妊娠全过程所经历的时间,其长短因畜种、品种、年龄、环境等不同而不同。牛的妊娠期平均为282天。

(2) 预产期的推算。常用口诀计算:牛,月减三,日加六。假如母牛8月20日配种,则预产月为5月(8-3=5),预产日为26日

(20+6=26），所以该牛的预产期为下一年的 5 月 26 日。当配种月份小于 3 时，应加 12 再减 3，得数就是预产月；当配种日加 6 大于当月天数时，则再减去 30，得数就是预产日。

4. 妊娠诊断

（1）外部检查法

1）问诊。妊娠诊断时应先了解母牛过去的发情、配种、妊娠情况，输精时间及输精后的表现，如有无不明显发情等，初步判断是否妊娠。

2）视诊。主要观察母牛营养状况、精神、食欲、阴门、产奶、乳房、腹部轮廓、胎动等。母牛妊娠后，一般表现为：周期性发情停止，食欲增加，营养状况改善，被毛润泽光亮，性情温顺，行为谨慎安稳，产奶量下降；到一定时期（5 个月后）腹围明显增大；后备母牛乳房发育；妊娠初期阴门紧闭，后期有水肿状态。

3）触诊。用手触摸母牛腹部，感受是否有硬物或胎动。

4）听诊。在妊娠中后期，常用听诊器在母牛腹部检查胎儿的心音，诊断是否妊娠。

（2）直肠检查法。隔着直肠壁触摸感受卵巢、子宫和胚泡的形态、大小和变化来诊断。一般在妊娠 40 天后进行检查。随着妊娠期的延长，子宫角会不断增大，腹部也随之增大。

早期妊娠检查时，以检查子宫角的形态、质地变化和卵巢有无黄体为主，同时注意有无胚泡的存在及其大小、形状、位置和性状等。若母牛妊娠时间较长，则要注意子宫的位置和胎儿的状态，同时注意卵巢的位置变化和子宫动脉的波动情况，如图 7-7 所示。

1）直肠检查时的注意事项

① 将手臂伸入肛门后，要缓慢前伸，且不能用力过猛，在向直肠深入时，可将手握成拳头，以防止损伤肠壁。

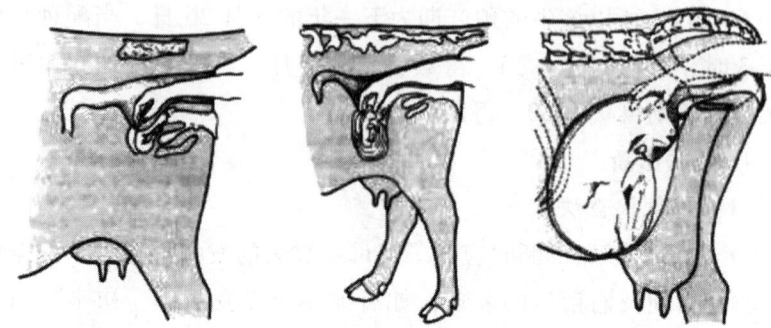

图 7-7　牛的妊娠检查示意图

②检查时，如果母牛努责，遇到肠管蠕动收缩或扩张，应停止检查，待肠壁收缩波越过手背、肠道松弛后再进行触摸，必要时还要随着收缩波后退，待蠕动停止时再向前伸，以防直肠损伤或破裂。如果少数牛肠管持续收缩、久不停止时，可用手指或其他物体在牛背中线上压迫刺激，促使肠壁松弛。

③检查完毕抽出手后，偶尔可见手上带有少量血液和黏液，说明直肠黏膜有轻度损伤。但是，如发现鲜红的、大量的血液或凝块，则表明肠壁损伤比较严重，应立即停止触摸，仔细检查损伤情况，并采取相应的治疗措施。

2) 牛妊娠期子宫和卵巢的形态变化

①配种后 19~22 天。子宫勃起反应不明显，卵巢上有体积较大的黄体存在时，疑为妊娠。如果子宫勃起反应明显，没有明显的黄体，且一侧卵巢上有大于 1 cm 的卵泡，说明正在发情。如果卵巢局部有凹陷，质地较好，则可能是刚排过卵。

②妊娠 30 天。孕侧卵巢有发育完善的妊娠黄体存在，并突出于卵巢表面，体积增大，质地稍硬。两个子宫角明显不对称，孕角较空角稍增大，质地变软，有液体波动感，孕角最膨大处的子宫壁较薄；空角较硬而有弹性，弯曲明显，角间沟清楚。用手指轻握孕角

从一端向另一端轻轻滑动，可感到胎膜囊从指间滑过，或用拇指、食指轻轻捏起子宫角，然后稍放松，可以感到子宫壁内有一层薄膜滑开，这是尚未附植的胚囊。

③妊娠60天。胎水明显增多，孕角比空角约粗1倍，较长，且向背侧突出，两角大小显然不同。孕角有弹性，孕角内有波动感，角间沟不甚明显，能触摸到全部子宫，可确定牛已妊娠。

④妊娠90天。孕角粗大显著，如排球大小，波动明显，子宫颈向前移至耻骨前缘，初产牛子宫下沉时间较晚。角间沟不明显，有时可触及漂浮在子宫腔内如硬块的胎儿。

⑤妊娠120天。子宫像口袋一样垂入腹腔，子宫颈越过耻骨前缘，触摸不清子宫的轮廓形状，只能触摸到子宫内侧及该处明显突出的子叶，形似蚕豆或小黄豆。偶尔可摸到胎儿。子宫动脉的妊娠脉搏明显可感。

⑥妊娠150天。子宫增大，沉入腹腔底部，由于胎儿迅速发育增大，能清楚地触及胎儿。此时子宫动脉变粗，妊娠脉搏十分明显。空角侧子宫动脉尚无或稍有妊娠脉搏，摸不到卵巢。

⑦妊娠180天至分娩前。胎儿增大，移至骨盆前，能触及胎儿的各部位和感到胎动，两侧子宫动脉均有明显的妊娠脉搏。

（3）阴道检查法。通过阴道黏膜、黏液和子宫颈的变化等来判断。

1）阴道黏膜。妊娠3个月后，阴道黏膜由粉红变为苍白色，表面干涩无光泽，阴道收缩变紧。

2）阴道黏液。妊娠45~60天子宫颈口处有浓稠的黏液；90~120天，阴道黏液量增多，为灰白色或灰黄色糊状黏液。

3）子宫颈。妊娠后子宫紧闭，有黏液塞于子宫颈口形成子宫栓。随着妊娠的进展，子宫增重向腹腔下沉，子宫颈的位置也会发生相应的变化。在母牛的妊娠过程中子宫栓有更替现象，被更替的黏液排出时，常附着于阴门下角，并有粪土黏着。

（4）超声波诊断法。此为采用超声波仪器进行诊断的方法。

（5）血或乳中孕酮水平的测定法。在母牛妊娠后，由于妊娠黄体的存在，其血清和乳中孕酮含量要明显高于未孕母牛。

除以上这些方法外，还有尿液的碘酒测定法、免疫学诊断法、巩膜血管观察法等。

模块4　分娩与接产

一、母牛分娩

母牛的分娩是指母牛把发育成熟的胎儿及其附属物排到体外的过程。

1. 母牛分娩预兆

（1）行为表现。食欲缺乏，精神不安，常回顾腹部，时起时卧。

（2）乳房变化。乳房膨胀增大、水肿发亮，临产前可挤出奶水。

（3）阴部变化。外阴肿胀、发亮，流出黏液。

（4）骨盆变化。骨盆韧带柔软、松弛。

2. 决定分娩过程的因素

（1）产力与阵缩力。产力是指将胎儿从子宫中排出的力量，它是由子宫肌和腹肌有节律的收缩形成的。产力大容易生产，反之难以生产。产力包括阵缩力和努责力。

阵缩力是指子宫肌肉收缩产生的力量，而努责力是指腹肌和膈肌收缩而产生的力量。

（2）产道。产道是指胎儿排到体外的必经通道，包括软产道和硬产道。

（3）胎儿（胎儿与母体的关系）

1）胎向。胎向是指胎儿纵轴与母体纵轴的关系，分3种情况。

①纵向。胎儿纵轴与母体纵轴相互平行。正生时，头部和前肢先进入产道；倒生时，后肢先进入产道。

②横向。胎儿纵轴与母体纵轴水平垂直，胎儿横卧于子宫内。背横向是胎儿的背部向着产道出口，腹横向是胎儿腹部向着产道出口。

③竖向。胎儿纵轴与母体纵轴上下垂直，胎儿立于子宫内。

纵向是正常的胎向，横向和竖向是异常的，受子宫及产道的限制，严格的横向和竖向是没有的。

2）胎位。胎位是胎儿背部与母体背部的关系，有以下3种。

①上位。胎儿俯卧在子宫内，背部朝上，靠近母体的背部和荐部。

②下位。胎儿仰卧在子宫内，背部朝下，靠近母体腹部及耻骨。

③侧位。胎儿侧卧在子宫内，背部位于一侧，靠近母体左侧或右侧腹壁及髂骨。

上位是正常的胎位，下位和侧位是异常的，侧位如倾斜度不大仍可视为正常。

3）胎势。胎势是指胎儿在母体子宫内身体各部位之间的关系，即各部分是伸直还是弯曲的。

4）前置。前置是指胎儿最先进入产道的部分。正生时头和前肢先进入产道；倒生时后肢先进入产道。胎位不正而难产时，要把胎儿推回腹腔矫正，以利于顺产。

3. 分娩过程

（1）开口期。开口期也称第一产程，从子宫出现阵缩开始至子宫颈完全张开为止。

开口期只出现阵缩而不出现努责。初产母牛表现为食欲缺乏、轻度不安、时起时卧、排徊运动、尾根翘起、常做排尿姿势，呼吸脉搏加快；经产母牛一般表现不安。持续时间为 $1\sim24$ h。

（2）胎儿产出期。胎儿产出期也称第二产程，从子宫颈口完全张开开始至胎儿产出体外为止。

在此阶段阵缩和努责共同作用，而努责是排出胎儿的主要力量，它比阵缩出现得晚，停止得早。母牛高度不安，时起时卧，前肢着地时后肢踢腹，时常回头顾腹，呼吸脉搏加快，最后侧卧，四肢伸直，强烈努责。持续时间为 3~4 h。

（3）胎衣排出期。胎衣排出期也称第三产程，从胎儿产出开始到胎衣完全排出体外为止。

在此阶段胎儿已排出，母牛开始安静下来，随着子宫主动收缩，有时还配合轻度努责母牛将胎衣排出。持续时间为 2~8 h。

二、为母牛助产

1. 助产前的准备

（1）产房。要安静、宽敞、明亮、清洁、干燥、阳光充足、通风良好、铺有垫草等。

（2）母牛。让母牛在产前 1~2 周进入产房，以适应环境。有条件的牛场应设离地产床，若没有离地产床可铺垫草。助产前应清洗和消毒母牛外阴部。

（3）药品、器械等。准备好必要的消毒药品、催产素、强心药、注射器、脱脂棉、常用外科器械、临床检查器械、绳子、照明设备、足量热水等。

（4）人员。助产人员应熟悉业务，在牛产前做好消毒和自身防护工作，并按操作规程操作。

2. 正常分娩的助产

通常情况下，正常分娩不需人为干预。助产人员的主要任务是监视分娩情况和护理新生犊牛。正常分娩时，助产人员的具体工作内容如下。

（1）穿好工作服，清洗消毒临产母牛的外阴部。

（2）对临产母牛进行健康检查。

（3）胎位、胎向、胎势不正时予以矫正。

（4）根据具体情况采取相应的助产方法，如撕破羊膜、努责时顺势拉出胎儿等。

3. 难产及其助产

（1）难产分类

1）产力性难产。阵缩和努责微弱。

2）产道性难产。子宫捻转，子宫颈、阴道及骨盆狭窄等。

3）胎儿性难产。胎儿性难产是胎儿的姿势、位置、方向不佳及胎儿过大等造成的难产。在所有难产种类中，胎儿性难产最多。

（2）难产时助产的原则。助产前要检查母牛体质（体温、心跳、呼吸等），做到心中有数；要分析难产原因并采取相应助产措施，必要时可进行手术助产。母牛难产时助产的原则如下。

1）保护母子安全。助产时应尽力保护母子安全，使用器械时，应十分小心，避免母牛产道损伤和受感染，注意保持母牛的繁殖力。

2）母牛保定。对母牛采用横卧保定方法，尽量使胎儿的异常部位向上，以利于操作。

3）润滑产道。为便于推回矫正或拉出胎儿，在母牛产道干燥时，应向产道内灌注大量润滑剂。

4）矫正整复。矫正胎儿异常姿势时，应将胎儿推回子宫，这样便于矫正操作。推回应把握时机，应选母牛阵缩的间歇期，而且前肢部分最好拴上产科绳。

5）配合分娩动力。牵拉胎儿时要配合阵缩和努责进行，并注意保护母牛会阴，人数不宜过多，应在术者统一指挥下试探着进行。

（3）难产的预防

1）避免过早配种。防止母牛未发育成熟就配种受孕，这样容易发生骨盆狭窄难产。

2）科学饲养妊娠母牛，保证胎儿的生长和母牛的健康。

3）让妊娠母牛适当运动。

4）临近预产期早进产房。

5）认真检查分娩状况。

三、产后母牛的护理

1. 产后母牛的生理变化

产后期是指胎衣排出到母体生殖器官恢复的持续时间。在这段时间里，最重要的是子宫内膜的再生、子宫的恢复和卵巢机能的恢复。

（1）子宫内膜的再生。分娩后，子宫排出一些变性脱落的母体胎盘、部分血液、残留的胎水和子宫分泌物等，此混合物称为恶露。恶露最先呈红褐色，后变为黄色，最后又变得无色透明。恶露一般可以于生产后10天左右排尽。如果恶露排出时间延长，那就说明子宫内可能有病理变化。

（2）子宫的恢复。产后子宫恢复到未孕时的大小，称为子宫复原。牛的子宫恢复时间约为30~45天。

（3）卵巢机能的恢复。牛卵巢黄体在分娩后才被吸收，因此产后第一次发情较晚。若产后哺乳或增加挤奶次数，则卵巢机能恢复更慢，第一次发情也更晚。一般产后35~50天出现第一次发情，并且卵泡发育、排卵多在上次的未孕角一侧的卵巢上。

2. 产后母牛的护理方法

（1）供给足够的水和麦麸汤等。

（2）保持母牛外阴部的清洁，要用消毒溶液清洗牛外阴部、尾巴及后躯。

（3）供给优质、易消化的饲料，但不宜过多，否则易引起消化道及乳腺疾病。

（4）垫上清洁的草并勤换。

（5）出现病理现象，应及时妥善处理。

四、新生犊牛的护理

1. 防止窒息。

2. 防止脐带感染。

3. 防止感冒。

4. 让犊牛及时吃到初乳。

> 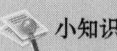 小知识
>
> 母牛繁殖力的评定
>
> 繁殖力是指在正常生殖机能条件下生育繁衍后代的能力。
>
> 母牛的繁殖力以繁殖率表示。母牛从达到适配年龄一直到丧失繁殖力，在这段时间内被称为可繁母牛或适繁母牛。在一定的时间范围内，母牛发情、配种、妊娠、分娩，最后经哺育的仔牛断奶至具有独立生活的能力，即完成了母牛繁殖的全过程。
>
> $$繁殖率 = \frac{本年度断奶仔牛数}{上年末存栏母牛数} \times 100\%$$
>
> 繁殖率＝受配率×总受胎率×分娩率×仔牛成活率×产仔率
>
> 1. 受配率
>
> 受配率指在本年度内参加配种的母牛数占牛群内适繁母牛数的百分率，主要反映牛群内适繁母牛的发情鉴定和配种管理水平。
>
> $$受配率 = \frac{配种母牛数}{适繁母牛数} \times 100\%$$
>
> 2. 受胎率
>
> （1）总受胎率。总受胎率指在本年度内配种后受胎母牛数占参加配种母牛数的百分率，主要反映母牛的繁殖机能和配种质量，为淘汰母牛及评定某些繁殖技术提供依据。

$$总受胎率 = \frac{受胎母牛数}{配种母牛数} \times 100\%$$

（2）情期受胎率。情期受胎率指在一定期限内，受胎母牛数占情期配种数的百分率，反映母牛发情周期的配种质量。

$$情期受胎率 = \frac{受胎母牛数}{情期配种数} \times 100\%$$

（3）第一情期受胎率。第一情期受胎率指第一个情期配种后，受胎母牛数占配种母牛数的百分率。第一情期受胎率更便于及早做统计，发现问题，改进配种技术。

$$第一情期受胎率 = \frac{第一情期受胎母牛数}{第一情期配种母牛数} \times 100\%$$

（4）不返情率。不返情率指在一定期限内，经配种后未再出现发情的母牛数占本期内参加配种母牛数的百分率。不返情率又可分为30天、60天、90天和120天的不返情率，30~60天的不返情率一般高于实际受胎率7%左右，随着配种后时间的延长，不返情率就越接近于实际受胎率。

$$x 天不返情率 = \frac{配种后 x 天未返情母牛数}{配种母牛数} \times 100\%$$

3. 分娩率

分娩率是指本年度内分娩母牛数占妊娠母牛数的百分率。分娩率可反映维护母牛妊娠的质量。流产会降低分娩率。

$$分娩率 = \frac{分娩母牛数}{妊娠母牛数} \times 100\%$$

4. 仔牛成活率

仔牛成活率指在本年度内，断奶成活的仔牛数占本年度产出仔牛数的百分率。仔牛成活率主要反映仔牛的培育成绩。

$$仔牛成活率 = \frac{成活仔牛数}{产出仔牛数} \times 100\%$$

5. 产仔率

产仔率指产仔总数占分娩母牛数的百分比。

$$产仔率 = \frac{产仔总数}{分娩母牛数} \times 100\%$$

第8单元 牛病防治技术

模块1 牛常见传染病防治

一、口蹄疫

口蹄疫是由口蹄疫病毒引起的偶蹄动物的一种急性、热性、高度接触性传染病,俗称"口疮""蹄癀",特征是在口腔黏膜、蹄部及乳房皮肤发生水疱和烂斑。

1. 病原

病原是口蹄疫病毒,属于微核糖核酸病毒科中的口蹄疫病毒属。该病毒主要侵害偶蹄动物,黄牛、奶牛最易感,牦牛、水牛和猪次之,绵羊、山羊和骆驼再次之。病牛的水疱液、乳汁、尿液、口涎、泪液和粪便中均含有病毒,主要通过消化道、呼吸道以及损伤的黏膜和皮肤感染。本病传播迅速,发病率高,死亡率低,一年四季均可发生。

2. 症状

潜伏期一般2~4天,体温升高为40~41℃,精神沉郁,食欲减退,流涎,开口时有吸吮声。病牛齿龈、舌面、唇内面和颊部黏膜有水疱。流涎显著,口涎呈白色泡沫状。采食、反刍完全停止。水疱约经一昼夜会破裂,形成浅表的红色烂斑,随后体温降至正常,烂斑愈合,全身症状逐渐好转。如继发细菌感染,化脓、糜烂加深,愈合后会形成瘢痕。

在口腔发生水疱的同时或稍后，趾间及蹄冠的柔软皮肤上也会产生水疱，会很快破溃，然后逐渐愈合。如继发感染则发生化脓、坏死、跛行，甚至蹄壳脱落、卧地不起。有时乳头、乳房皮肤也出现水疱和烂斑。

本病一般呈良性经过，经过1~3周可痊愈。哺乳犊牛患病时多呈恶性，主要发生出血性肠炎和心肌麻痹，病死率为60%~90%。

3. 病变

除口腔和蹄部的水疱和烂斑外，在咽喉、气管、支气管、食道和瘤胃黏膜也有烂斑和溃疡，真胃和肠黏膜有出血性炎症。具有诊断意义的是心脏病变，心包膜、心肌有弥散性或点状出血，心肌松软似煮肉样，心肌切面上可见到灰白色或淡黄色条纹与正常心肌相伴出现，好似老虎皮上的斑纹，俗称"虎斑心"。

4. 诊断

根据流行特点、症状及病变等可初步诊断，确诊须进行试验室检验，鉴定病毒类型。目前口蹄疫的检测技术主要有病毒分离技术、血清学检测技术和分子生物学技术等。

5. 防治

平时应加强检疫，不能从疫区购进动物或产品，来自非疫区的动物及其产品，也应进行检疫。口蹄疫常发地区，要定期对牛进行预防接种，采取以免疫预防为主的综合防控措施，控制疫情发生。目前用于预防口蹄疫的疫苗有弱毒苗和灭活苗，弱毒苗有A型、O型和AO型。

发生本病时，应及时上报疫情，尽早确诊，划定并封锁疫点、疫区，扑杀患牛。用4%的氢氧化钠溶液对污染的场所和用具进行彻底消毒。对疫区内的假定健康动物及受威胁区内的易感动物进行紧急免疫接种，在最后一头病牛痊愈或扑杀后14天内，如没有出现新的病例，经终末消毒后可解除封锁。

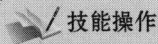 **技能操作**

消 毒

1. 目标

学会配制常用消毒液,对牛舍、用具和地面进行消毒。

2. 方法与步骤

(1) 配制常用消毒液

1) 稀释浓溶液配制稀溶液

浓溶液体积=(稀溶液浓度/浓溶液浓度)×稀溶液体积

例:要配制0.2%的过氧乙酸溶液5 000 mL,需要多少毫升20%的过氧乙酸溶液?

需过氧乙酸溶液的体积=(0.2/20)×5 000=50(mL)

2) 增加溶液浓度

需加浓溶液的体积=(稀溶液浓度×稀溶液体积)÷[(浓溶液浓度-使用浓度)×100]

例:有剩余的0.2%的过氧乙酸2 500 mL,欲增加药液浓度至0.5%,需加28%的过氧乙酸溶液多少毫升?

需过氧乙酸溶液的体积=(0.2×2 500)÷[(28%-0.5%)×100]≈18.2(mL)

(2) 用消毒液实施消毒

1) 饲养区地面消毒。用3%的氢氧化钠溶液向地面喷雾或浇洒进行消毒。

2) 空舍消毒。清除舍内所用污物,用清水冲洗墙壁、地面,干燥后用3%的氢氧化钠溶液喷洒消毒。空舍一周,用清水冲洗并干燥后,再用0.5%的过氧乙酸溶液喷雾消毒,干燥后方可进畜。

3) 牛舍带牛消毒。清扫牛舍,用清水洗刷地面,干燥后用0.2%的过氧乙酸溶液喷雾消毒。喷雾消毒用过氧乙酸的用量,一般以牛舍内面积计算,每平方米1 000 mL。消毒时,先从离门远处开始,对地面、墙壁、天花板等按一定的顺序均匀喷湿,最后打开门窗通风。

4) 用具消毒。将料槽、饮水槽、锹、车等饲养用具洗刷干净后,用3%的氢氧化钠溶液喷洒或冲洗消毒,然后用清水冲洗干净,除去消毒药味。

二、牛流行热

牛流行热是由牛流行热病毒引起的牛的一种急性热性传染病，又称三日热或暂时热。特征是突然高热、流泪、流涎、流鼻液、呼吸促迫、跛行。

1. 病原

病原是牛流行热病毒，属弹状病毒科中的流行热病毒属。该病毒主要侵害奶牛和黄牛，较少感染水牛。牛流行热以3~5岁牛多发。病毒主要存在于病牛的血液中，吸血昆虫的叮咬是病毒传播的主要途径。故本病的流行具有明显的季节性，多发生在高热、雨多潮湿、蚊虫多的季节。本病的发病率高，但死亡率很低，具有明显的周期性和季节性，通常每3~5年流行一次。

2. 症状

潜伏期一般3~7天。体温突然升高为40~42℃，维持2~3天后恢复正常。鼻腔发炎，鼻孔流出浆液性或黏液性鼻液；口腔发炎，流涎，口涎呈泡沫状；四肢关节浮肿、疼痛、跛行，重者卧地不起；病牛精神沉郁，食欲减退，反刍停止，有时出现便秘或腹泻。

3. 病变

主要病变在呼吸道，上呼吸道黏膜充血、点状出血、肿胀，肺显著肿大。实质器官混浊、肿胀或出血。真胃及肠黏膜有卡他性炎症或渗出性出血。

4. 诊断

根据明显的季节性、发病率高、病死率低等流行特点，结合临床上高热、呼吸迫促、眼鼻口腔分泌增加、跛行等临床特点做初步诊断。确诊需要采血进行病毒学或血清学检验。

5. 防治

早发现、早隔离、早治疗。用灭活苗及弱毒苗预防接种，有一定预防效果。本病尚无特效治疗药物，可根据病情应用强心剂、解毒剂、镇痛剂和抗生素等。

三、布鲁氏菌病

布鲁氏菌病是由布鲁氏菌引起的一种人畜共患、慢性传染病。特征是生殖器官和胎膜发炎，引起流产、不育、睾丸炎和各种组织局部病变。

1. 病原

病原是布鲁氏菌。布鲁氏菌属细小的球杆菌，无芽孢和鞭毛，也是革兰阴性菌。多种动物和人易感。感染母牛的阴道分泌物、乳汁，感染公牛的精液，病牛的粪、尿里均含有布鲁氏菌，特别是受感染的妊娠母牛，在其流产或分娩时会随胎儿、胎水和胎衣排出大量的布鲁氏菌。本病呈地方性流行，无明显季节性，在产仔季节多发。

2. 症状

潜伏期14~120天。母牛的主要表现为流产。通常在妊娠6~8个月发生流产，产死胎或弱胎。流产后多数伴发胎衣不下或子宫内膜炎，从阴道排出褐色、恶臭液体。病公牛发生睾丸炎或附睾炎，配种能力降低。有的病牛还会发生关节炎。

3. 病变

主要病变为生殖器官的炎性坏死，可见胎衣水肿增厚，并有出血点，呈黄色胶样浸润，表面覆以纤维蛋白絮片和脓液。胎儿主要呈败血症病变，浆膜和黏膜有出血点和出血斑，皮下结缔组织发生浆液性、出血性炎症。

4. 诊断

根据流行病学、临床症状及病理变化可做初步的诊断，确诊需要进行试验室诊断,如细菌学、血清学的检验才能得出结果。

5. 防治

加强检疫,扑杀病牛,培养健康牛群,定期进行免疫注射是控制本病的有效措施。目前,我国生产有3种布鲁氏菌苗,对牛普遍使用猪布鲁氏菌Ⅱ号苗,免疫期为2年,可用口服法或注射法接种,最适于怀孕母牛口服。严格消毒,被污染的圈舍、运动场、饲槽等用10%~20%的石灰乳或2%的氢氧化钠溶液进行消毒。对粪便可进行发酵处理。兽医、试验室工作人员、饲养人员要做好防护工作。

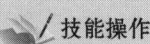 技能操作

免疫接种

1. 目标

做好注射疫苗前的准备工作,并能对牛进行免疫接种。

2. 方法与步骤

(1) 免疫接种前的准备

1) 对接种的牛进行临诊观察,凡体质过于瘦弱的、处妊娠后期的、未断奶的、体温升高的或疑似患病的牛均不应该接种疫苗。

2) 仔细检查所使用疫苗的外观、失效期和说明书等,不符合要求的一律不得使用。

3) 将所用器械利用高压蒸汽灭菌器灭菌20~30 min或者煮沸消毒30 min。

4) 将疫苗保存于低温、阴暗及干燥的场所。

(2) 常见疫病免疫接种

1) 口蹄疫免疫。每年春、秋两季各用同型的口蹄疫弱毒苗接种一次,注射部位为颈侧部位,皮下注射,1~2岁牛1 mL,2岁以上牛2 mL。注射后14天产生免疫力,免疫期4~6个月。

2) 布鲁氏菌病免疫。在布鲁氏菌病常发生的地区,每年要定期对检疫为阴性的牛进行预防接种。一般使用猪布鲁氏菌Ⅱ号苗(简称S2菌苗),公、母牛均可使用,孕牛不宜注射,以免引起流产。可以皮下注射、气雾吸入或口服接种,皮下注射和口服时用菌为500亿个/头,室内气雾吸入为250亿个/头。免疫期2年。因此,每隔1年进行免疫接种1次。

四、结核病

1. 病原

结核病是由结核分枝杆菌引起的一种人畜共患的慢性传染病。特征是：多种组织器官形成结节性肉芽肿、干酪样坏死和钙化病灶。病原是结核分枝杆菌。结核分枝杆菌是专性需氧菌，也是革兰阳性菌，无芽孢和荚膜。多种动物和人易感。患病的畜禽和人的痰液、鼻液、唾液、粪便、尿及乳汁都可能带菌，主要通过呼吸道、消化道和交配感染。本病无明显的季节性和地区性，多为散发。不良的环境条件，以及饲养管理不当，会促使结核病的发生。

2. 症状

潜伏期长短不一，一般为 10~45 天，长的达数月。通常呈慢性经过，初期症状不明显，但日渐消瘦。

牛最常见的结核病是肺结核、乳房结核和淋巴结核。肺结核病初期病牛易疲劳，有短而干的咳嗽，尤其是起立、运动、吸入冷空气时易咳嗽。随着病情发展，干咳变为湿咳，呼吸急促，胸部听诊时，肺音粗，有啰音，严重的还可以听到胸膜摩擦音，叩诊时有浊音区。体表淋巴结肿大，有硬结，无热痛。病势恶化时可发生全身性结核，粟粒性结核。乳牛发生乳房结核，乳房上淋巴结肿大，有局限性或弥漫性无热无痛的硬结。产奶量减少，乳汁稀薄或混有脓汁，严重者泌乳停止。犊牛多发生肠结核，主要表现为顽固性腹泻和迅速消瘦，病变部位多在空肠和回肠。

3. 病变

患病组织器官上发生增生性结核结节或渗出性干酪样坏死或钙化灶。牛结核病灶最常见于肺、肺门淋巴结、纵隔淋巴结，其次为肠系膜淋巴结和头颈淋巴结，也见于胃肠道黏膜、乳房和胸腹浆膜等处。

4. 诊断

根据不明原因的渐进性消瘦、咳嗽、顽固性下痢、体表淋巴结肿胀等可初步诊断。确诊需要试验室检验，对无明显症状的病牛常用结核菌素变态反应检疫。

5. 防治

牛结核病不能治疗。通常采取加强检疫的方法防止疫病传入，还会采取扑杀病牛和阳性牛，培育健康牛群、加强饲养管理等综合性防疫措施。

五、副结核病

副结核病是由副结核分枝杆菌引起的主要发生于牛的慢性消化道传染病，又称副结核性肠炎。特征是顽固性腹泻、渐进性消瘦、肠黏膜增厚并形成皱襞。

1. 病原

副结核病的病原是副结核分枝杆菌，是一种细长杆菌，呈短棒状或球杆状，不形成芽孢、荚膜和鞭毛，革兰氏染色阳性。本病主要侵害反刍兽，其中牛最易感。病牛粪便、乳汁均含菌，症状明显和隐性期内的病牛均能向体外排菌。主要通过消化道感染，也可通过胎盘垂直感染。本病无明显季节性，呈多点散发。

2. 症状

潜伏期长，为6~12个月甚至数年。本病为典型的慢性传染病，病初没有明显症状，起初为间歇性下痢，后发展到经常性顽固性下痢，粪便带泡沫、黏液和血丝。随着病程的发展，病牛消瘦，下颌、胸腹下、四肢水肿，皮肤粗糙，最后因全身衰弱而死亡。

3. 病变

主要病变是肠黏膜肥厚、肠系膜淋巴结肿大。回肠黏膜增厚3~20倍，并产生硬而弯曲的皱褶，如大脑回纹。肠系膜淋巴结肿大变软，切面湿润，上有黄白色病灶。

4. 诊断

根据典型的临床症状和病理变化可做初步诊断，确诊需进一步做试验室诊断。

5. 防治

加强饲养管理，定期检疫、隔离和淘汰病牛，消毒被病牛污染的牛舍、用具等。

六、附红细胞体病

附红细胞体病是由附红细胞体引起的一种人畜共患传染病，特征是发热、贫血、出黄疸、呼吸困难、产生血红蛋白尿。

1. 病原

附红细胞体病的病原是附红细胞体。附红细胞体属于立克次体目，无浆体科，附红细胞体属。附红细胞体形状多样，多数为环形、球形、椭圆形，少数为杆状、逗点状。感染牛的是温氏附红细胞体，它一般呈圆盘形，革兰氏染色阴性，瑞氏染色呈蓝色。

附红细胞体的流行范围广泛，温暖的夏秋季发病较多，牛、猪、羊、兔、犬和猫都易感附红细胞体，人也可感染。专家认为附红细胞体具有宿主专一性，也就是说，附红细胞体病只能在同种动物群体中传播，而不会感染其他动物，如感染牛的附红细胞体不能感染猪、羊等动物。吸血昆虫是本病的主要传播媒介，传播方式有血液传播、接触传播、垂直传播等。

2. 症状

多数呈隐性经过，受应激因素刺激可出现症状。初期无明显症状，精神沉郁，使役时无力、易出汗，体温可升高到41.5 ℃。随着病情的加重，心跳加快，呼吸急促，可视黏膜苍白、黄染，产奶量急剧下降。尿呈淡黄色，粪便干稀交替出现，血液稀薄，病重时卧地不起，头弯向腹侧。

3. 病变

尸体皮肤苍白，血液稀薄、凝固不良。胸腹腔积液，心包内液体增多。肝、脾出现不同程度肿大，质地柔软，肝脏表面有灰黄色或灰白色坏死灶，胆汁浓稠。

全身淋巴结肿大，瘤胃及肠黏膜有出血点及溃疡。

4. 诊断

根据流行病学和临床症状可做初步的诊断，确诊需要进行试验室诊断。试验室诊断方法有血液涂片染色镜检、血清学试验等。

5. 防治

加强饲养管理，搞好圈舍卫生，驱除媒介昆虫，做好针头、注射器的消毒，消除应激因素，保持安定环境。可使用土霉素、咪唑苯脲、卡那霉素、血虫净（贝尼尔）等药物进行治疗，同时采取强心、补液等对症治疗措施。

七、肉毒梭菌中毒症

肉毒梭菌中毒症是动物食入了含有肉毒梭菌毒素的饲料而发生的一种中毒性传染病，特征是延脑、小脑等中枢神经麻痹、肌肉松弛。

1. 病原

病原是肉毒梭菌，它是两端钝圆的大杆菌，革兰氏染色阳性，无荚膜，有芽孢，可产生大量的外毒素（即肉毒素），属严格厌氧菌。

肉毒梭菌广泛存在于自然界，平常在土壤、动物肠道内容物、粪便、腐败尸体、腐败饲料及各种植物中都有，多种动物和人易感。该病的发生除与地域有关外，还与土壤类型和季节等有关。

2. 病状

潜伏期一般 4~20 h，长者达数天。食入毒素后，多在 4 天内出现病状。主要表现为运动神经麻痹，开始发生于头部，后迅速向后躯及四肢发展，病牛肌肉松弛、麻痹，病初咀嚼缓慢、吞咽困难，随病情发展，后期可能完全不能咀嚼和吞咽，并出现垂舌、流涎、下颌下垂、眼半闭、瞳孔散大的病状。波及四肢时，共济失调，以至卧地不起。便秘、腹痛、尿少、色深、心跳缓慢、呼吸短促呈腹式，最后死于呼吸麻痹，病死率 70%~100%。本病无体温变化，病牛意识也正常。

3. 诊断

根据临诊特征、症状，结合病因可做初步诊断，确诊需进行毒素检验。

4. 防治

预防本病重在饲料的保管和调剂。要防止饲料腐败，禁止拿已腐败变质的饲料及食品饲喂动物。要合理调配日粮，避免动物发生异食癖而舔食污水、尸骨等异物。

早期可应用肉毒素多价抗毒素，皮下或肌肉注射 100~150 mL，同时配合对症治疗，以 5% 的碳酸氢钠溶液或 0.1% 的高锰酸钾溶液洗胃、灌肠，并口服盐类泻剂，以清除毒素。

八、气肿疽

气肿疽是由气肿疽梭菌引起的牛的一种急性、热性传染病，俗称黑腿病，特征是肌肉丰满部位发生气性、炎性肿胀，跛行。

1. 病原

气肿疽的病原是气肿疽梭菌，它是两端钝圆的粗大杆菌，在体内外均可形成芽孢，属专性厌氧菌，革兰氏染色阳性。

在自然情况下，主要侵害牛，也侵害其他反刍动物。通过消化道、损伤皮肤、黏膜和吸血昆虫感染。病牛的排泄物、分泌物及处理不当的尸体,污染的饲料、水源及土壤会成为持久性疫源地。本病呈地方性流行,有一定季节性,夏季放牧时(尤其在炎热、干旱时)容易发生。

2. 症状

潜伏期3~5天。往往突然发病,体温41~42 ℃,轻度跛行,食欲和反刍停止。不久在肩、股、颈、臂、胸、腰等肌肉丰满处发生炎性肿胀,先发热,后变冷,触诊时肿胀部分有捻发音。肿胀部皮肤干硬而呈暗黑色,周围组织水肿。严重者呼吸增速,脉细弱而搏动快,随即死亡,病程1~3天。

3. 病变

尸体迅速腐败和鼓胀,天然孔常有泡沫血样的液体流出,患部肌肉呈黑红色,疏松多孔,像海绵。局部淋巴结充血、出血或水肿。

4. 诊断

根据流行特点、典型症状及病理变化可做初步诊断,进一步确诊需要采取肿胀部位的肌肉、肝、脾及水肿液做细菌分离培养和动物试验。

5. 防治

在流行的地区及其周围,每年春秋两季进行气肿疽甲醛菌苗或明矾菌苗预防接种。病牛应立即隔离治疗,早期全身治疗可用抗气肿疽血清静注150~200 mL,重症牛可8~12 h后再重复注射一次。同时应用青霉素进行肌肉注射,每次400万~600万单位,每天2~3次。

九、放线菌病

放线菌病是由放线菌引起的牛的一种非接触性慢性传染病,俗称大颌病,特征是头、颈、颌下和舌发生放线菌肿。

1. 病原

放线菌病的病原是各种放线菌。放线菌在病灶脓汁中形成肉眼可见的针帽大、黄色小菌块（称菌芝）。各种放线菌寄生于牛口腔、消化道及皮肤上，也存在于被污染的饲料和土壤中。可通过口腔黏膜伤口（咬伤、刺伤等产生的）感染。10岁以下的青壮年牛，尤其是2~5岁的牛最易感，常发生于换牙期。本病以散发为主，偶尔呈地方流行。

2. 症状

多发生于颌骨、唇、舌、咽、齿龈、头部的皮肤和皮下组织。牛以颌骨放线菌病最多见，常见下颌骨肿大，肿胀部位呈蘑菇状，界线明显，初期疼痛，后期无痛，破溃后形成瘘管，长久不愈。头、颈、颌下等部位的软组织也常发生硬结，不热不痛。舌感染放线菌通常称为"木舌病"，可见舌高度肿大，常垂于口外，并可波及咽喉部位，病牛流涎，咀嚼、吞咽困难。乳房患病时，呈弥漫性肿大，有局灶性硬结，乳汁黏稠，混有脓汁。

3. 病变

剖检，可见乳黄色脓肿块，有的因广泛坏死和骨质增生引起蜂窝状病变。

4. 诊断

本病的症状与病变比较特殊，较易诊断。确诊可将少许脓汁，用盐水稀释，可见硫黄样颗粒。将颗粒置于载玻片上，加氢氧化钾溶液，覆以盖玻片，用力挤压，置显微镜下检查，可见特征性的菌芝。

5. 防治

应避免在灌木丛和低湿地放牧，防止皮肤和黏膜发生损伤。治疗可采取局部和全身疗法，手术和用药相结合。可外科切除硬结，内服碘化钾，结合应用青霉素和链霉素治疗。

十、皮肤霉菌病

皮肤霉菌病是由多种霉菌引起的牛和其他动物的一种皮肤传染病,特征是在皮肤上形成圆形或不规则形状的癣斑或痂块,表现为脱毛、脱屑、有痒感。

1. 病原

皮肤霉菌病的病原是小孢霉菌属和毛癣菌属的霉菌。本菌对外界具有极强抵抗力,可依附于动植物体上,停留在环境或生存于土壤中,在一定条件下感染动物。本菌主要通过牛与牛之间的皮肤直接接触而传播,通过污染的用具也可传播。皮肤霉菌病多发生于育成牛和营养不良的老龄牛,也可发生于人和其他动物。放牧期很少发生,环境阴暗潮湿时多发,秋冬季多发。

2. 症状

本病经常发生在头部,特别是眼睑周围、颈部、尾根等部位,不久就遍及全身。病初脱毛似小硬币样,后逐渐扩大成隆起的圆斑,皮肤上出现界线明显的秃毛圆斑或保留残毛的圆斑,大的如拳头。

皮肤表皮角质层增厚,病灶的痂块可发生重叠。揭去痂皮后,皮肤呈白色、无毛,表面有少量血液渗出。病牛表现为剧痒、不安、摩擦、减食、消瘦。

3. 诊断

根据临诊症状可做初步诊断,确诊必须通过病原学诊断,对病原真菌直接进行镜检。刮取患部痂皮连同病变部位的毛,浸泡于20%的氢氧化钾溶液中,微加热3~5 min,然后将所采取病料置于载玻片上滴蒸馏水1滴,加盖玻片镜检,可看到霉菌孢子。

4. 防治

治疗时首先应局部剪毛,用3%的来苏水洗去痂块,涂上5%的碘酊,每两天涂药1次,直到痊愈。对较严重的病例要同时配合抗生素治疗。

要加强饲养管理,注意牛舍的清洁卫生,保持通风干燥。一旦发现病牛要立即隔离治疗,同时对全群检查。对污染的牛舍、用具等用3%的甲醛溶液或3%的氢氧化钠溶液进行消毒。在处置病牛时管理人员要注意自身的防护,以免感染。

模块2　牛常见寄生虫病防治

一、肝片形吸虫病

肝片形吸虫病是肝片形吸虫寄生于牛、羊的肝脏和胆管引起的寄生虫病,多为慢性经过。

1. 病原

肝片形吸虫呈扁平柳叶状,新鲜虫体为棕灰色,固定后为灰白色,长20~30 mm,宽8~10 mm。虫体前端有一个圆锥状突起,在基部突然增宽,形成肩样结构,以后逐渐变窄。口吸盘和腹吸盘相距很近。幼虫寄生于肝实质,成虫寄生于肝脏胆管。

2. 生活史

虫卵随粪便排到体外,在水中发育为毛蚴,毛蚴钻入中间宿主——淡水螺体内发育为尾蚴。尾蚴离开螺体,在水面或植物叶上形成囊蚴,牛吞食囊蚴而感染。本病从夏季中期到秋末,通过水及水中植物感染牛,多发生在地势低洼、潮湿、多沼泽及水源丰富的放牧地区。

3. 症状与病变

急性型是由幼虫引起的,多见于犊牛,多发生于夏秋季节。表现为患急性肝炎,体温升高,食欲减退,精神沉郁,可视黏膜苍白和黄染，触诊肝区有疼痛感，一般出现症状后 3~5 天内死亡。肝脏肿大，胆管内有黏稠、暗黄色胆汁和大量未成熟的幼虫。

慢性型是由成虫引起的，多见于初春和冬季，表现为渐进性消瘦，被毛粗乱，食欲缺乏，反刍异常，继而出现前胃迟缓、腹泻、周期性瘤胃鼓胀，重者可死亡。病理变化表现为慢性增生性肝炎。

4. 诊断

生前根据临床症状、流行病学、粪便检查（多采用沉淀法集卵、检查虫卵）等可做初步诊断。死后剖检，在肝脏、肝胆管内找到虫体或在胆汁中查出虫卵等即可确诊；也可应用免疫学诊断法，如酶联免疫吸附试验、间接血凝试验等进行诊断。

5. 治疗

（1）三氯苯唑（肝蛭净）。10 mg/kg 体重，1 次，口服，该药对成虫和幼虫均有效。

（2）阿苯达唑（抗蠕敏）。10 mg/kg 体重，1 次，口服。该药对成虫效果好，对幼虫效果较差。

6. 预防

定期驱虫，一般北方每年进行 2 次驱虫，南方每年可进行 3 次，驱虫后对粪便进行生物热发酵处理。科学放牧，尽量不到低洼、潮湿的地方放牧。消灭中间宿主，药物灭螺（中间宿主）一般在每年的 3—5 月进行，草地用硫酸铜溶液或氨水，小范围的死水可用生石灰。

二、反刍动物绦虫病

反刍动物绦虫病是由莫尼茨属、曲子宫属、无卵黄腺属的多种绦虫寄生于牛、羊小肠内引起的疾病的总称。该病对犊牛和羔羊危害严重。

1. 病原

(1) 莫尼茨绦虫。乳白色，长带状，长 1~6 m，头节呈球形，有 4 个吸盘，体节短而宽，每个成熟节片内有 2 组生殖器官，生殖孔开口于节片两侧。

(2) 曲子宫绦虫。长约 4 m，每个成熟节片内有 1 组生殖器官，子宫呈波浪状弯曲，横列于两个纵排管之间。

(3) 无卵黄腺绦虫。长 2~3 m，每个成熟节片内有 1 组生殖器官，子宫呈囊状，位于节片中央，无卵黄腺。

2. 生活史

成虫寄生于牛、羊小肠，孕卵节片或虫卵随粪便排到体外，被中间宿主——地螨吞食，在地螨体内发育为似囊尾蚴，牛吃草时吞食含有似囊尾蚴的地螨而感染。似囊尾蚴以头节附着于牛的小肠壁发育为成虫。

莫尼茨绦虫和曲子宫绦虫发生于全国各地，无卵黄腺绦虫主要发生于干旱寒冷地带。莫尼茨绦虫和曲子宫绦虫病的流行具有明显季节性，北方 6—10 月为感染高峰期，南方 4—5 月为感染高峰期。莫尼茨绦虫主要感染犊牛，无卵黄腺绦虫主要感染成年牛。

3. 症状与病变

成年牛感染时一般症状不明显。犊牛感染后症状明显，主要表现为消化紊乱、腹痛、腹泻、肠臌气，粪便中常混有孕卵节片。病牛逐渐消瘦、贫血，有时犊牛出现痉挛、抽搐、空口咀嚼等神经症状，严重者死亡。

病理变化为牛体消瘦，肠黏膜出血，小肠内有绦虫。有时可见肠阻塞或扭转。

4. 诊断

根据流行病学、临诊症状、粪便检查、剖检进行综合诊断。流行病学因素主要注意：是否为放牧牛，尤以幼龄多发；是否为地螨活跃时期，并检查地螨的阳性率。患病牛粪便中有孕卵节片，不见节片时可用漂浮法检查虫卵，如依然未发现节片或虫卵时，可能为绦虫未发育成熟，因此可考虑用药物进行诊断性驱虫。剖检发现虫体即可确诊。

5. 治疗

（1）硫双二氯酚。50 mg/kg 体重，1 次口服。

（2）氯硝柳胺（灭绦灵）。50 mg/kg 体重，1 次口服。

（3）阿苯达唑。5~10 mg/kg 体重，1 次口服。

6. 预防

对犊牛在春季放牧后 4~5 周进行成虫期前驱虫，间隔 2~3 周再驱虫 1 次。成年牛每年可进行 2~3 次驱虫。驱虫后对粪便进行发酵处理。

三、牛囊尾蚴病

牛囊尾蚴病是由肥胖带绦虫的幼虫——牛囊尾蚴寄生于牛肌肉中引起的寄生虫疾病，所以又称"牛囊虫病"。成虫可寄生于人的小肠，是人畜共患的寄生虫病。

1. 病原

肥胖带绦虫又名无钩绦虫或牛带绦虫。虫体呈乳白色，扁平带状，长 5~10 m，最长可达 25 m，由很多节片组成。牛囊尾蚴呈卵圆形，约黄豆大，有乳白色半透明包囊，囊内充满液体，有 1 个乳白色的头节。肥胖带绦虫的虫卵呈圆形，内含六钩。

2. 生活史

成虫寄生于人的小肠内，孕卵节片随粪便排到体外，会污染饲料、饲草和饮水，牛吞食后，六钩蚴逸出进入肠壁血管中，随血液循环到达全身肌肉中发育为牛囊尾蚴。牛囊尾蚴主要分布在心肌、舌肌、咬肌等运动性强的肌肉中。人食入含有牛囊尾蚴的肌肉（如牛肉干等）也容易感染，包囊被消化，头节吸附于人体小肠黏膜上发育为成虫。成虫在人的小肠中的寿命可达 25 年。

本病呈世界性分布，无严格地区性，其流行主要取决于食肉习惯、人类粪便的管理及牛的饲养方式。

3. 症状与病变

主要表现为幼虫移动时牛体温升高、虚弱、腹泻、反刍减弱或消失；幼虫定居后症状不明显。

牛囊尾蚴主要寄生于心肌、舌肌、咬肌、肩胛肌、颈肌、臂肌等，有时也可寄生于肺、肝、肾及脂肪等处。

4. 诊断

牛囊尾蚴的生前诊断较为困难，可采用血清学相关方法做诊断。宰后在肌肉中发现牛囊尾蚴即可确诊。但一般感染强度较低，检验时需注意。

5. 治疗

（1）吡喹酮。30 mg/kg 体重，口服，连用 7 天。

（2）芬苯达唑。25 mg/kg 体重，口服，连用 3 天。

6. 预防

改变人们生吃或吃半生不熟牛肉的饮食习惯；不能随地大小便，应对人类粪便加强管理，避免污染牛饲料、草场、饮水；加强牛肉的卫生检验工作。

四、牛棘球蚴病

棘球蚴病是由细粒棘球绦虫和多房棘球绦虫的幼虫——棘球蚴寄生于牛的脏器引起的寄生虫病，又称"包虫病"，主要特征为虫体对寄生部位的器官造成机械性压迫，组织发生萎缩并出现功能障碍，组织破裂时可引起严重的过敏反应。

1. 病原

病原有细粒棘球蚴和多房棘球蚴，分布在我国的多是细粒棘球蚴。细粒棘球蚴又称单房型棘球蚴，呈包囊状，大小也很不一致，小的只有豌豆大，大的如篮球大。

细粒棘球绦虫体形小，长 3~6 mm，宽 0.5~0.6 mm，雌雄同体，子宫内充满虫卵。

2. 生活史

孕卵节片随犬、狼等食肉动物粪便排到体外，污染牧草、水源等，当牛吞食虫卵后，即可感染棘球蚴病。卵内六钩蚴从牛消化道内逸出，钻入肠壁血管内，随血液循环扩散到体内各处，以肝脏及肺脏最多。犬、狼等食肉动物吞食含有棘球蚴的脏器而感染，棘球蚴在食肉动物小肠内发育为成虫。

本病分布广，全国各地均有报道，犬是主要感染源。

3. 症状

棘球蚴除给病牛造成机械性压迫外，还可引起中毒和过敏反应，其严重程度主要取决于棘球蚴的大小、数量、寄生部位。机械性压迫使周围组织发生萎缩并出现功能障碍。代谢产物被吸收后，会使周围组织发生炎症和过敏反应，严重者死亡。牛严重感染时常见消瘦、衰弱、呼吸困难或轻度咳嗽，产奶量下降。

4. 诊断

生前诊断比较困难，往往在尸体剖检时才能发现。皮内变态反应、间接血凝试验和酶联免疫吸附试验，对此病有较高的检出率。

5. 治疗

手术摘除是最可靠而有效的治疗方法，注意手术时包囊绝对不可破裂。也可选用阿苯达唑、吡喹酮进行治疗。

6. 预防

对犬进行定期驱虫，用氢溴酸槟榔碱按 2 mg/kg 体重，或用吡喹酮按 5 mg/kg 体重，均一次性口服。患病器官要及时销毁或高温处理，防止犬吃入。保持牛舍、饲料和饮水卫生，防止犬粪污染。

五、牛消化道线虫病

牛消化道线虫病是由许多种类的线虫寄生于消化道引起的各种线虫病的总称。这些线虫分布广泛，且多为混合感染，对牛危害极大，主要特征为贫血、消瘦，可造成牛大批死亡。各种类型的线虫引发的线虫病在流行病学特点、症状、诊断、治疗、预防等方面均相似，故综合叙述。

1. 病原

（1）捻转血矛线虫。寄生于牛皱胃，虫体呈毛发状，淡红色，虫体吸血后形成红白相间的外观。虫卵随粪便排到体外，在适宜的条件下发育为感染性幼虫，幼虫移动到牧草的茎叶上，牛吃草或饮水时吞食而感染。

（2）仰口线虫。寄生于牛小肠（主要是十二指肠），虫体前部向背面弯曲，口囊大，呈漏斗状，口缘有角质切板。虫卵在适宜条件下可发育为感染性幼虫，感染性幼虫经皮肤感染牛。

（3）食道口线虫。食道口线虫又称结节虫，寄生于牛结肠，口囊小而浅。感染性幼虫侵入牛肠道后，先钻进肠壁，引起发炎，后形成结节，影响肠蠕动功能。

2. 症状与病变

高度营养不良，渐进性消瘦，贫血，可视黏膜苍白，下颌及腹下水肿。严重感染时出现腹泻，粪便中有黏液或血液，最后因器官衰竭而死亡。食道口线虫可引起肠壁结节，新结节中常有幼虫。

3. 诊断

应根据流行病学、临诊症状、粪便检查和剖检进行综合诊断。

粪便检查时用漂浮法集虫卵。因没有驱虫的牛带虫现象极为普遍，故发现大量虫卵时才能确诊。

4. 治疗

对重症病例，应配合对症治疗。

（1）盐酸左旋咪唑。6~10 mg/kg 体重，1 次，口服。奶牛休药期不得少于 3 天。

（2）阿苯达唑。10~15 mg/kg 体重，1 次，口服。

（3）甲苯达唑。10~15 mg/kg 体重，1 次，口服。

（4）伊维菌素。0.2 mg/kg 体重，1 次，口服或皮下注射。

5. 预防

每年休牧后和放牧前进行全群驱虫，驱虫后排出的粪便应及时清理，可对粪便进行发酵，消除感染源。合理补充饲料添加剂，提高牛的抵抗力，有条件的地方实行划区轮牧或畜种间轮牧。

六、牛梨形虫病

牛梨形虫病是由梨形虫纲的原虫引起的疾病的总称。该病可分为牛巴贝斯虫病和牛泰勒虫病 2 种。

牛巴贝斯虫病又称"焦虫病"，是由巴贝斯科巴贝斯属的原虫寄生于牛红细胞引起的疾病。由于经蜱传播，故又称为"蜱热"。特征为高热、贫血、出黄疸、形成血红蛋白尿。

牛泰勒虫病是由泰勒科泰勒属的原虫寄生于牛的巨噬细胞、淋巴细胞和红细胞引起的疾病。特征为高热稽留、贫血、出血、消瘦和体表淋巴结肿大。

1. 病原

（1）双芽巴贝斯虫。大型虫体，梨籽形，多数虫体成对，以尖端相连成锐角，位于红细胞中央，虫体比红细胞半径长。

（2）牛巴贝斯虫。小型虫体（虫体长小于红细胞半径），梨籽形，多数虫体成对，以尖端相连成钝角位于红细胞边缘。因虫体小，故血液检查不易看到。

（3）环形泰勒虫。寄生于红细胞和巨噬细胞，有逗点形、环形、卵圆形、杆形等多种形态，小型虫体，一个红细胞内可寄生很多虫体。裂殖体出现于巨噬细胞、淋巴细胞内或游离于细胞外，称为柯赫氏蓝体或石榴体，虫体呈圆形，内含许多小的裂殖子或染色质颗粒。

2. 生活史

蜱吸食带虫牛或病牛的血液后，巴贝斯虫体在硬蜱体内进行有性繁殖，最后形成子孢子。蜱再次吸食牛血时，子孢子进入牛体内，进行无性繁殖，寄生于红细胞，红细胞裂解后释放出的虫体再侵入新的红细胞。

环形泰勒虫子孢子随蜱唾液进入牛体内，首先侵入局部单核巨噬细胞系统的细胞内进行无性繁殖，重复分裂后进入红细胞。

发病牛、带虫牛和蜱均为传染源。奶牛最易感，牛梨形虫病的发生与蜱的活动有关，有明显的地区性和季节性。

3. 症状与病变

高热稽留，体温40~42℃，脉搏、呼吸加快，精神沉郁，食欲减退或消失，反刍迟缓或停止，便秘或腹泻。乳牛泌乳减少或停止，妊娠母牛可能流产。病牛迅速消瘦，贫血。随感染病原不同会出现不同症状，如感染巴贝斯虫，出现血红蛋白尿；如感染泰勒虫，体表淋巴结肿大。

血液稀薄、血凝不全，可视黏膜苍白、黄染，全身淋巴结肿大。肝、脾出现不同程度肿大，肺淤血水肿，其他组织多有出血点。

4. 诊断

根据流行病学、症状病变和血液寄生虫学进行检查和确诊。做血液涂片镜检，在血细胞内查出虫体可作为确诊的主要依据。疑为环形泰勒虫病，可在早期进行淋巴结穿刺涂片镜检，查出石榴体即可确诊。

5. 治疗

要尽早治疗,同时注意对症治疗,如健胃、强心、补液等。

(1)咪唑苯脲。1~3 mg/kg体重,配成10%的水溶液,肌肉注射,注意该药容易残留。

(2)三氮脒(贝尼尔)。7~10 mg/kg体重,配成5%~10%的水溶液,分点进行深部的肌肉注射,每天1次,连用3天。水牛对该药敏感,一般只能用药1次,不能连续使用。

(3)锥黄素。3~4 mg/kg体重,配成0.5%~1%的水溶液,静脉注射,症状未减轻时,24 h后再注射1次。病牛在治疗后数天内要避免烈日照射。

6. 预防

皮下注射伊维菌素0.2 mg/kg体重,可预防梨形虫病。搞好灭蜱,加强检疫,发现患病牛,及时进行隔离治疗。在流行区,可使用磷酸伯氨喹啉或三氮脒,也有较好的效果。我国已研制出环形泰勒虫繁殖体胶冻细胞苗,免疫期为1年。

七、牛皮蝇蛆病

牛皮蝇蛆病又称"牛皮蝇蚴病",是由皮蝇科皮蝇属的皮蝇幼虫寄生于牛背部皮下组织引起的寄生虫病,主要特征为患牛消瘦,皮张受损,生产力下降,犊牛发育不良,尤其是皮革质量下降。

1. 病原

皮蝇主要有牛皮蝇和纹皮蝇2种,不同种类形态相似,成虫较大,全身有绒毛,体形如蜂,口器退化。蝇蛆(第三期幼虫)粗壮,长26~28 mm,颜色随虫体的成熟程度而呈现淡黄色、黄褐色及棕褐色,背面较平,腹面凸而且有很多结节,有2个后气孔。

2. 生活史

牛皮蝇和纹皮蝇的发育史基本相似，均属完全变态，均经历卵、幼虫、蛹和成蝇4个阶段。在牛毛上的虫卵经4~7天孵出第一期幼虫，幼虫由毛囊钻入皮下，寄生9~11个月，发育为第三期幼虫，第三期幼虫发育成熟后从牛皮中钻出，落地、入土化蛹，最后蛹羽化为成蝇，整个发育期为1年。

本病主要流行于我国西北、东北及内蒙古牧区，多在夏季发生感染。成蝇的出现时间随季节和气候不同而略有差异，一般牛皮蝇出现于6—8月，纹皮蝇出现于4—6月。成蝇一般在晴朗无风的白天侵袭牛，在牛毛上产卵。

3. 症状与病变

成蝇虽然不叮咬牛，但在夏季繁殖季节成群围绕牛乱飞，会影响牛的采食和休息，导致牛逐渐消瘦，尤其是雌蝇产卵时会冲向牛体，牛因奔跑容易造成外伤和流产。

幼虫钻进牛皮肤时，会引起局部痛痒，牛因此烦躁不安。幼虫在牛体内移动时，会对经过的各处组织造成损伤；在牛背部皮下寄生时，会引起局部结缔组织增生和发炎。牛背部两侧皮肤上有多个结节隆起，当继发细菌感染时，可形成化脓性瘘管，幼虫钻出后，瘘管逐渐愈合并形成瘢痕，严重影响皮革质量。幼虫分泌的毒素损害血液和血管，引起牛贫血。有时因幼虫移动伤及延脑，可引起神经症状，严重者可能死亡。

4. 诊断

根据流行病学、临床症状及病理变化进行综合诊断，当幼虫寄生于牛背部皮下时容易确诊。初期可用手触摸，如触摸到皮下结节，后期眼观可见隆起，用手挤压可挤出幼虫，但注意勿将虫体挤破。夏季在牛被毛下发现单个或成排的虫卵可为诊断提供参考。

5. 治疗

（1）涂擦法。背部涂擦2%的敌百虫、4%的蝇毒磷、8%的皮蝇磷等药物，可杀灭幼虫，防止幼虫落地化蛹。

（2）注射法。可用伊维菌素，每千克体重按0.2 mg进行皮下注射；或用倍硫磷每千克体重按4~7 mg进行臀部肌肉注射。两种方法都可收获良好的治疗效果。

（3）机械法。挑出幼虫，防止幼虫落地化蛹。

6. 预防

消灭牛体内幼虫，既可治疗，又可防止幼虫化蛹，具有预防作用。在流行区感染季节可用敌百虫、灭蝇灵等喷洒牛体，每隔10天用药1次。

八、螨病

螨病俗称"癞病"，是由疥螨和痒螨寄生于牛的皮内所引起的一种皮肤寄生虫病，主要特征为剧痒，患部皮肤渗出液体、脱毛、角质化，形成痂皮或脱屑。

1. 病原

（1）疥螨。呈龟形，浅黄色，背面隆起，腹面扁平，虫体大小为0.2~0.5 mm，腹面有4对节肢。

（2）痒螨。呈长圆形，虫体大小为0.2~0.5 mm。口器呈圆锥形，为刺吸式。

2. 生活史

疥螨和痒螨的全部发育过程都在牛体上度过。全部发育过程分为虫卵、幼虫、若虫、成虫4个阶段。疥螨卵经3~4天孵化出幼虫，幼虫反复蜕皮变为成虫，平均15~21天完成一个发育周期。疥螨寄生于皮肤的深处，嚼食细胞液、淋巴液及上皮细胞。痒螨卵经1~3天孵化出幼虫，整个发育过程需10~12天，条件不利时可转入5~6

个月的休眠期。痒螨寄生于皮肤的表面（多为毛稠密之处），刺吸组织液、淋巴液及炎性渗出液。

3. 流行病学

本病的主要感染方式是病牛与健康牛的直接接触感染，也可通过接触带有螨虫或螨卵的饲槽、饮水器、鞍具等感染。犊牛皮嫩，易感染。流行季节主要为冬季和秋季。尤其秋末或冬季牛被毛长而密，阳光直射时间减少，体温恒定，湿度增高，有利于螨的生长繁殖。牛舍阴暗潮湿、过于拥挤、牛皮肤卫生状况不良等都能诱发螨病。

4. 症状

疥螨多寄生于皮肤薄、被毛短而稀少的部位，多从牛的面部、尾根、颈、背等被毛较短处逐渐蔓延至全身。痒螨多寄生于体表被毛长而稠密处，初期见于颈、肩和垂肉，严重时波及全身。

皮肤剧痒，牛擦或啃咬患处，使局部损伤、发炎，形成水疱和结节，局部皮肤增厚和脱毛。局部损伤感染后成为脓包，干涸后形成痂皮并逐渐向外蔓延，甚至蔓延全身。牛烦躁不安，休息和采食受到影响，消化紊乱，逐渐消瘦，甚至衰竭死亡。病程可持续2~4个月。

5. 诊断

根据临床症状、流行病学资料进行综合分析，确诊需要进行病原检查。注意和以下疾病进行区别。

（1）过敏性皮炎。无传染性，病变从丘疹开始，后形成零散的干痂和圆形秃毛斑，病料中无螨虫。

（2）湿疹。在温暖圈舍中牛有痒觉但不剧烈，无传染性，皮屑中无螨虫。

（3）秃毛癣。有圆形或椭圆形干痂，结痂易脱落。检查病料可见真菌。

(4) 虱病。症状与螨病相似，但不如螨病严重，眼观检查体表可找到虱子。

6. 治疗

局部涂擦，先剪毛去痂，彻底洗净，常用敌百虫溶液（0.5%~1%）、杀虫脒溶液（0.1~0.2%）、溴氰菊酯水溶液（0.005%~0.008%）。全身用药可用伊维菌素0.2 mg/kg体重，颈部皮下注射，重者隔1周再用1次。

7. 预防

牛圈舍要保持干燥、光线充足、通风良好、密度适宜。定期对牛进行体表检查，及时挑出患病牛，隔离饲养并治疗。注意消毒和清洁卫生，对于流行区的牛群，要定期药浴。

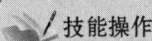技能操作

驱 虫

1. 目标

学会选择驱虫药物并能对牛群进行驱虫。

2. 方法与步骤

（1）驱虫药的选择原则。应选择广谱、高效、低毒、方便和廉价的药物。广谱是指驱除寄生虫的种类多；高效是指对寄生虫的成虫和幼虫都有高度驱除效果；低毒是指治疗量不具有急性中毒、慢性中毒、致畸形和致突变作用；方便是指给药方法简便，适用于大群给药（如气雾、饲喂、饮水等）；廉价是指与其他同类药物相比价格低廉。治疗性驱虫应以药物高效为首选，兼顾其他；定期预防性驱虫则应以广谱药物为首选，但主要还是要依据当地主要流行寄生虫病的种类来选择高效驱虫药。

（2）驱虫药的配制。根据所需药物的要求进行配制。但多数驱虫药物不溶于水，需配成混悬液给药，其方法是先把淀粉或面粉加入少量水中，搅匀后再加入药物继续搅匀，最后加足量水制成混悬液。使用时边用边搅拌，以防止上清下稠，影响驱虫效果和安全。

(3) 给药方法。牛多为个体化给药，根据所选药物的要求，选定相应的投药方法，具体投药技术与临诊常用给药法相同。不论哪种给药方法，均需预先估量动物体重，精确计算药量。

(4) 驱虫注意事项

1) 驱虫前应选择驱虫药，计算剂量和给药方法。同时对药品的生产单位、批号等进行记载。

2) 在进行大群驱虫前，应先选少部分牛做试验，观察药物效果及安全性。

3) 投药前后1~2天，尤其是驱虫后3~5 h，应严密观察牛群，注意给药后的变化，发现中毒应立即急救。

4) 驱虫后5天内将牛留在圈内，以便对粪便集中进行生物热处理。

5) 给药期间应加强饲养管理，对役牛应暂缓使役。

模块3 牛常见内科病防治

一、消化系统疾病

1. 前胃疾病

前胃包括瘤胃、网胃和瓣胃，没有消化腺，依靠微生物和机械蠕动进行生物性消化和物理性消化。

前胃疾病一般是由饲喂不当、过度使役、突换饲料、矿物质或者维生素的缺乏以及应激等因素引起的，临床表现比较相似的一类病症，一般包括以下疾病。

(1) 前胃弛缓。各种原因导致前胃神经兴奋性降低、收缩减弱及消化代谢机能障碍。

1) 临床症状。临床上以前胃蠕动减弱、食欲降低、反刍减少为特征。如果治疗不及时,或者病程拖延,会导致病情恶化。牛食欲降低或废绝、反刍较少或停止、鼻镜干燥、结膜发绀、呼吸加快或困难,甚至出现酸中毒。听诊瘤胃蠕动音(听诊部位为左肷窝处),发现声音减弱或消失。

2)治疗措施。治疗原则是恢复前胃机能,促进蠕动,恢复瘤胃的正常微生物区系,加强护理,防止脱水和中毒。

恢复前胃动力:复合维生素B,肌肉注射每次10~20 mL,1次/天,连用2~3天。静脉注射(要慢)10%的氯化钠注射液300~500 mL。

促反刍:可灌服促反刍口服液(如四胃动力液,300~500 mL,1次/天,连用2~3天)或者小苏打(50~100 g,用150~250 mL水溶解后灌服,1次/天,连用2~3天)。

清除胃肠垃圾:口服液体石蜡、植物油等缓泻剂。

恢复微生物区系:口服兽用益生菌,如牛专用酵素营养液,500 mL,1~2次/天,连用2~3天;或活性酵母粉,100~150 g,1次/天,连用2~3天,该药也可以作为饲料添加剂使用。

若为重症,则需手术治疗,加强术后护理。

(2)瘤胃积食。瘤胃积食是由于前胃收缩力减弱、兴奋性降低,或采食大量粗、硬饲料或易于膨胀的饲料,而导致的食物在瘤胃内积滞、无法运转的疾病。以反刍减少或停止、嗳气减少、瘤胃扩张、消化障碍为主要特征。严重者出现脱水或毒血症。

1)临床症状。一般于采食后数小时内发病,牛表现不安、腹痛、回头顾腹、踢腹、食欲突降或废绝、起卧不安,有时还会出现呻吟、腹围增大的症状。触诊瘤胃,内容物坚实,有时有捏粉样感觉,指压留痕。随病程发展,出现鼻镜干、粪干症状,有时粪便还伴有黏液。

2)治疗措施。同前胃弛缓。但要注意轻症可以适当禁食,待消化机能恢复后再饲喂。

(3)瘤胃臌气。瘤胃臌气是动物采食了易发酵的饲料,产生大量气体,导致瘤胃急性鼓胀的一种疾病。

1)临床症状。动物出现回头顾腹、躁动不安、呼吸困难的症状,有时还会出现努责的现象。反刍停止,嗳气消失,腹痛,腹围急剧增大,左肷部胀满,严重者高于背部,叩诊呈鼓音。若发现或者治疗不及时,最后可能因窒息而死亡。

2)治疗措施。对于急性轻症者,可灌服止酵剂,如消胀消气灵,1次100~150 mL;或鱼石脂10~30 g,加1倍量的酒精或者白酒,再用水稀释至500 mL灌服。对于鼓气严重者,还需穿刺放气后再灌服止酵剂。注意:放气不可过急,应缓慢放气!重症或者治疗效果不佳者还需实施瘤胃切开术进行治疗。

3)预防。首先避免饲喂发酵的饲料或者易发酵的豆类,其次不要在有雨水、露水的草场上放牧或者过食鲜嫩多汁的豆科植物(如苜蓿、紫云英等)。

(4)创伤性网胃腹膜心包炎。本病是因牛误食饲料中混有的金属异物或尖锐物体引起的,误食后异物进入网胃,导致网胃和腹膜,或者网胃和心包损伤及出现炎症的一类疾病。

1)临床症状。消化功能紊乱,出现前胃弛缓、瘤胃慢性鼓起或者间歇性消化不良等症状。有的病牛出现姿势异常:肘关节外展、肘部肌肉震颤。触诊网胃区,有疼痛反应。体温升高、食欲减退。若是创伤性网胃心包炎,出现垂皮水肿,颈静脉阳性波动,不愿走下坡路。病程前期听诊心脏有拍水音,后期听诊心音遥远,或者出现摩擦音。创伤性网胃腹膜炎一般具有局限性,若发生弥漫性腹膜炎,则全身症状明显,预后不良。

2)治疗措施。治疗原则是消炎、清除异物,加速愈合。

静脉注射消除炎症:可用青霉素,每次640万单位,2次/天,连用3~5天;或头孢类药物噻呋钠,1.1~2.2 mg/kg体重,1次/天,连用3~5天；或乳糖酸红霉素3~5 mg/kg体重，1次/天，连用3~5天，该药应先用注射用水溶解后，再加到5%的葡萄糖中，浓度不可超过1%。

有脱水症状要及时补水、调节酸碱平衡：可选用糖盐水或5%的葡萄糖与生理盐水等量混合液，一次性静脉注射2 000~3 000 mL。再静脉滴注5%的碳酸氢钠溶液500 mL。

若有炎性渗出形成胸腔积液或者腹腔积液：用25%的葡萄糖500 mL静脉注射，呋塞米（速尿）0.05~0.1 mg/kg体重，静脉注射或者肌肉注射。

如若确诊，也可施行开腹术，将尖锐异物取出，或者剥离粘连的腹膜与组织，术后加强护理，及时对症治疗。

3）预防。本病重在预防，要加强饲养管理。对饲喂的饲料进行金属异物和尖锐物体的检查，防止食入，对体内有异食的牛加强管理，及时治疗。

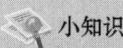 **小知识**

瘤胃穿刺术

在左肷部最高点，剪毛后用酒精或者碘酒消毒，用套管针对准左侧肘关节刺入瘤胃，拔出针芯，用手指堵住管口，间歇放气，不能过急。若套管堵住了，可用针芯疏通；若是泡沫性臌气，则需向瘤胃内注入消沫药（松节油、二甲硅油、消气灵等）后再放气。放气后注入来苏水（10~15 mL）或者4%的鱼石脂溶液（20 g），然后溶于40 mL左右的酒精中，接着加水稀释到500 mL，用于止酵。套进针芯后摁住腹壁，才能拔出套管针，用酒精或者碘酒消毒局部。

注意：术部一定要消毒，放气不能过快。

2. 肠胃炎

肠胃炎是肠胃黏膜的急性或者慢性炎症，临床上以发热、消化紊乱、腹痛和腹泻为特征，多发于犊牛和1~2岁小牛，成年牛少见。

（1）病因。多由饲料质量不佳、饲养管理不当、肠道菌群失调引起，但是也见于中毒、寄生虫病或者某些传染性疾病的发生过程中。

（2）临床症状。腹泻，前期粪便稀软，后期排水样便、黏液便或者血便，有时伴有恶臭。食欲降低或停止。精神萎靡，体温升高到40 ℃以上。结膜发绀，鼻镜干燥，严重者出现里急后重、脱水、酸碱紊乱等症状。

（3）治疗和预防

退热：用南柴胡注射液20~40 mL肌肉注射；或者用安乃近10~33 mL混合青霉素400万单位一起肌肉注射。

清理肠胃（建议消化不良或者食物中毒性腹泻用）：用硫酸钠200~400 g或硫酸镁250~500 g加温水3 000~3 500 mL一次灌服；或用液体石蜡500~1 000 mL灌服。

止泻：将50~100 g蒙脱石用温水调匀至2 000~3 000 mL，灌服；或者鞣酸蛋白20 g、碱式硝酸铋10 g，加水2 000~3 000 mL，一次灌服。

抗菌消炎：口服磺胺脒或小檗碱；肌注或者静脉注射庆大霉素，0.1~0.2 mL/kg体重，1~2次/天，连用3~5天；或用硫酸卡那霉素肌肉或静脉注射0.1~0.15 mL/kg体重，2次/天，连用3~5天；或用硫酸小檗碱肌肉注射0.15 g/次，1~2次/天，连用3天。以上药物都可以配合鱼腥草注射液肌肉注射，一次20~40 mL，连用3~5天。

脱水和酸中毒：用5%的糖盐水1 000~1 500 mL、复方氯化钠2 000 mL、5%的碳酸氢钠500~1 000 mL、维生素C 20~40 mL，静脉注射，连用3~5天。

口服药：肠炎止泻口服液100~500 mL，1次/天，连用3~5天；

或用补液盐 236 g 加清水 10 kg，饮水配合治疗。

如果只是因为天气突变，或者饲喂不当，可先用牛专用酵素营养液或者活性酵母粉帮助恢复胃肠道菌群。若效果不佳，再继续用药物进行治疗。

3. 真胃扭转

由于某种原因真胃由正常的解剖位置变为右侧的位置，称为真胃扭转。真胃扭转是奶牛，尤其是高产奶牛的常见病。

（1）病因。病因尚不明确，一般认为真胃扭转由以下情况引发：皱胃疾病（如皱胃弛缓、皱胃机械性转移）；妊娠、分娩、瘤胃臌气等改变了子宫和瘤胃之间的相对位置。

（2）临床症状。病程发展快，病情严重。一旦发病，很快出现食欲废绝，呼吸急促，可视黏膜发绀，眼窝凹陷。右侧肋弓膨大，听诊结合叩诊有"钢管音"。病牛很快卧地不起，精神沉郁，出现脱水和自体中毒情况。

（3）治疗措施。要及时手术整复、固定真胃。同时注意对症治疗。如耽误治疗则一般预后不良。

（4）预防。合理搭配日粮，降低精料供给，提高粗料的饲喂比例，合理运动，科学喂养可有效降低发病率。

二、呼吸系统疾病

1. 感冒

（1）病因。多因饲养管理不善引起，如饲喂冰冻饲料或饮水混有冰雪，圈舍通风不良或卫生不佳，天气突变或者长途运输。以上因素导致牛出现应激反应，机体抵抗力低下。

（2）临床症状。病初体温升高，流鼻涕，精神倦怠，食欲降低，反刍减少，间或出现咳嗽。随病程发展，病牛怕冷，喜卧，食欲废绝，眼结膜充血，咳嗽加重，呼吸困难，鼻镜干燥，流黏性鼻液。听诊肺部，呼吸音加重。

（3）治疗措施。解热镇痛，对症治疗，抗菌消炎，宣肺止咳。

解热镇痛：肌肉注射南柴胡注射液 20～40 mL；或者用安乃近 10～33 mL 混合青霉素 400 万单位一起肌肉注射。

抗菌消炎：肌肉或者静脉注射硫酸卡那霉素 0.1～0.15 mL/kg 体重，2 次/天，连用 3～5 天；或青霉素每次 400 万单位，2 次/天，连用 3～5 天；或头孢类药物噻呋钠，1.1～2.2 mg/kg 体重，1 次/天，连用 3～5 天。

同时应用维生素 C、复合维生素 B 提高机体抵抗力，促进食欲恢复。

（4）预防。寒冷季节要做好牛舍保温，禁止饲喂冰冻饲料或冰雪水；保证圈舍卫生，通风良好；保证饲料营养充足，使牛体抵抗力处于正常水平。

2. 肺炎

（1）小叶性肺炎。小叶性肺炎又称支气管肺炎，是支气管、细支气管或个别肺小叶发生炎症的一类疾病。临床上以发热、呼吸频率提高、咳嗽、听诊肺部有啰音或者捻发音为特征。

1）病因。发病因素一般同感冒，也可由于其他疾病治疗不及时，累及气管或者肺部出现炎症。

2）临床症状。咳嗽，初期干咳，后期转为湿咳，伴有痛咳。体温升高到 40 ℃以上，呈现弛张热。流鼻液，且鼻液随病程发展由浆液性变为黏液性。食欲减少或废绝，喜饮水，反刍减少或停止，精神沉郁。

3）治疗措施

祛痰镇咳：甘草片、人工盐等，口服。

抗菌消炎：用青霉素、头孢菌素、红霉素或者磺胺类药物，静脉注射或者肌肉注射，配合双黄连注射液 20~40 mL 一起使用。

抗毒促食欲恢复：维生素 C 注射液 20~40 mL，静脉注射；复合维生素 B 注射液 10~20 mL，肌肉注射。

加强护理，注意保温，饲喂柔软易消化的饲料。

4）预防。本病的预防同预防感冒，但同时要注意积极预防原发疾病，以免因其他疾病继发本病。

（2）大叶性肺炎。大叶性肺炎又称纤维素性肺炎，是发生于整个肺叶的急性炎性病症。临床上以高热稽留、流铁锈色鼻液、咳嗽和肺部出现广泛的浊音区为特征。

1）病因。大叶性肺炎由传染性因素（如巴氏杆菌、肺炎双球菌、葡萄球菌等）或非传染性因素（如变态反应性疾病、过劳、吸入刺激性气体、感冒等）引起。

2）临床症状。高热稽留 40 ℃以上，持续 5~7 天。咳嗽，呼吸急促，后期呼吸困难，鼻翼张开，出现腹式呼吸。可视黏膜发绀，心跳加快，流铁锈色或者脓性鼻液。肺部（右侧肘后胸壁部）听诊呼吸音增强，有啰音或捻发音。叩诊肺部可感受到广泛浊音区。

3）治疗措施。宜消炎止咳，制止渗出，促进渗出液的吸收，重症者辅以强心补液。

抗菌消炎：将青霉素加入糖盐水（0.9%氯化钠注射液与 5%葡萄糖等量混合），一次性静脉注射。

强心：用樟脑磺酸钠 1~2 g，配成 10%的溶液，静脉或者肌肉注射。

减少炎性产物渗出：用 25%的葡萄糖 200~300 mL 或 20%的甘露醇 250 mL，一次性静注。

祛痰镇咳：用甘草片、人工盐等，口服。

对症辅助治疗，可用维生素 C、安乃近等。

4）预防。同小叶性肺炎。

>  **小知识**
>
> **几种发热类型的鉴别**
>
> 1. 稽留热
>
> 发热高于正常体温2℃以上，持续数天或数周，24 h波动范围不超过1℃。见于肺炎链球菌性肺炎、伤寒等的发热极期。
>
> 2. 弛张热
>
> 发热高于正常体温1.5℃以上，但波动幅度大，24 h内体温差为1℃以上，体温低时一般仍高于正常水平。见于败血症、风湿病、重症肺结核、化脓性炎症等。
>
> 3. 间歇热
>
> 高热期与无热期交替出现，体温波动幅度可达数度，间歇期可持续1天至数天，反复发作。见于疟疾、急性肾盂肾炎等。
>
> 4. 回归热
>
> 体温骤然升至39℃以上，持续数天后又骤然下降至正常水平，高热期与无热期各持续若干天后则有规律地交替一次。见于霍奇金病、周期热等。
>
> 5. 波浪热
>
> 体温逐渐升高达40.5℃或更高，数天后逐渐下降至正常水平，数天后又逐渐升高，如此反复多次。见于布鲁氏菌病。
>
> 6. 不规则热
>
> 发热无一定规律，可见于结核病、风湿病、支气管肺炎、渗出性胸膜炎、感染性心内膜炎等。

三、泌尿、生殖系统疾病

1. 尿道炎

尿道炎指尿道黏膜发生的炎症，以尿频为主要特征。

（1）病因。导尿时不熟练或者操作粗暴，损伤尿道黏膜；导尿时使用的器械不够洁净而引起感染；长期缺乏饮水，导致尿液无法正常冲刷尿道引发感染；长期使用磺胺类药物，导致尿路结晶而损伤尿道。

（2）临床症状。尿频，排尿痛苦，排尿不畅。严重时尿液里有黏性或者脓性分泌物，尿液混浊，可能出现血尿。

（3）治疗措施。抗菌消炎，选用青霉素或链霉素，肌肉注射或者静脉注射，连用 3~5 天。若出现血尿，使用酚磺乙胺 10~20 mL 肌肉或者静脉注射，或选用 40% 的乌洛托品 37.5~75 mL 静脉注射，配合口服氯化铵使用；排尿困难还可配合呋塞米（速尿）治疗。局部尿道冲洗，可选用雷夫奴尔、高锰酸钾溶液。

（4）预防。导尿时要充分润滑导尿管，而且动作要轻柔；加强饲养管理。

2. 尿道结石

尿道结石指尿路中有盐类结晶，导致尿路黏膜受损，出现炎症、出血，甚至阻塞的疾病。临床以尿频、尿急、尿痛等排尿障碍及血尿为特征。

（1）病因。引起尿结晶的各种原因可继发引起尿道结石。

（2）临床症状。尿道结石是膀胱结石的并发症。病牛排尿困难，频频做出排尿姿势，而尿液呈滴状或线状流出，甚至无法排出。病牛排尿不安，尿痛，步态强拘。直肠检查有疼痛反应，可见膀胱增大。

（3）治疗措施。将液体石蜡和生理盐水等量混合后反复多次冲洗尿道，直至结石被冲出。若结石太大无法冲出，则需实施尿道切开术，取出结石。治疗用药同尿道炎。

（4）预防。充足饮水，不要乱用药物，尤其是磺胺类药物。预防本病，要避免长期饲喂矿物质多的饲料和饮水，同时应添加适量的维生素 A，另外要及时治疗尿道炎症。

3. 卵巢机能减退

卵巢机能减退是指因卵巢机能不全，不排卵或延迟排卵，动物表现不发情或隐性发情的病症。

(1) 病因。饲养管理不当,如长期饥饿、营养不良,产奶量高峰期饲喂不足,或母牛老弱,或继发于生殖系统其他疾病(如子宫内膜炎、子宫肌瘤、子宫积液、产后子宫恢复不佳等)。

(2) 临床症状。动物长期不发情,或发情时间短、间歇期延长、发情症状不明显。直肠检查发现病牛卵巢变小、变硬,无卵泡发育。

(3) 治疗措施。可用促卵泡激素,牛肌肉注射100~200国际单位,每天或隔天1次,每次注射后需做直肠检查,如无卵泡发育可连续应用2~3次;也可用绒毛膜促性腺激素,静脉注射2 500~5 000国际单位。用雌激素进行治疗时,最好有专业人士指导,因为长期或过量应用会引起卵巢囊肿。如果治疗效果不明显,可淘汰。

(4) 预防。本病要改善饲养管理状况,在饲料中加入蛋白质、维生素、矿物质等,保障病牛营养供给充足。同时让病牛合理运动,适度使役,享受充足的日照。

4. 卵巢囊肿

卵巢囊肿分为卵泡囊肿和黄体囊肿。卵泡囊肿的主要特征为无规律的频繁发情或持续发情,而黄体囊肿则长期不发情。

(1) 病因。目前病因尚不十分明确,但确定与内分泌、饲养管理关系较大。某些生殖系统疾病(如子宫内膜炎、胎衣不下、卵巢疾病等)治疗不及时或者尚未彻底治愈,易诱发本病。饲料中缺乏维生素A、精料过多、含有过多的雌激素,缺乏运动还有母牛屡屡发情,不及时配种,或乱用发情药,都容易诱发本病。

(2) 临床症状。卵泡囊肿表现为发情异常,发情期紊乱,发情期长,间歇期短。有强烈的发情行为,性欲亢进,喜欢爬跨,对外界刺激敏感。外阴部充血、肿胀,从阴门流出透明、黏稠分泌物,易发生阴道炎和子宫内膜炎。黄体囊肿表现为长期不发情，阴道干燥，阴门紧缩。检查发现单侧或双侧卵巢肿胀，卵巢上有结节，间隔一段时间再次检查，结节大小、硬度不变。

（3）治疗措施。关于治疗有5种方法，介绍如下。

1）用促黄体激素100~200国际单位，孕马血清5 000国际单位，一次肌肉注射，常在治疗后20~30天内恢复发情周期，未见好转，可第二次用药。

2）用促黄体素释放激素1.2 mg静脉注射，或1.5~2 mg肌肉注射。作用同促黄体激素。

3）孕酮对患慕雄狂症的母牛效果很好。每次用孕酮50~100 mg，肌肉注射，注射2~3次后母牛发情症状消失，经10~20天恢复发情周期。

4）用促性腺激素释放激素，肌注或静脉注射50~250 μg，注射后30天左右即可进入正常发情期。

5）缺碘和甲状腺功能亢进被认为是母牛卵巢囊肿的部分原因，所以给卵巢囊肿母牛连续7天每天饲喂3~10 g碘化钾，16天后约有71%治愈，20天后100%治愈，愈后妊娠率达87%。碘化钾还可以促使母牛发情。

用药物之前，可通过直肠壁握住囊肿，用手指把囊肿捏破；或者通过直肠壁穿刺，抽出囊肿液。上述操作后，再进行药物治疗，效果更好。

（4）预防。产后第12~14天给母牛注射促性腺激素释放激素，可以起到预防卵巢囊肿发生的作用。不过，早发现早治疗效果更好。应改善饲养管理，加强运动。

5. 持久黄体

妊娠黄体或发情周期黄体超过正常时间而不消失，称为持久黄体，多发于高产奶牛。

（1）病因。多因运动不足、饲料单一、缺乏维生素和矿物质，还与生殖系统疾病有很大关系。

（2）临床症状。母牛表现长期不发情。直肠检查发现卵巢肿大，卵巢表面有突出物。隔段时间（5~7天）再次检查，仍能在卵巢同一部位触摸到同样的突出物，经检查2次以上发现均有此物，此物即为持久黄体。

（3）治疗措施。可用激素溶解黄体。用前列腺素 $F2\alpha$（5~10 mg，肌注）或氯前列烯醇（0.5 mg）肌注，也可以用促卵泡激素或雌激素进行治疗。

（4）预防。积极改善饲养管理，供给全价日粮（粗、精料比例适当，尤其是矿物质和维生素的供给要充足），适度运动，及早治疗子宫疾病，以上是本病的预防有效措施，也是配合激素治疗的辅助手段。

四、营养代谢性病

1. 异食癖

异食癖是指动物机体代谢功能紊乱，或由于缺乏某几种营养素，而导致动物采食正常食物以外的其他物质的现象。临床上以舔食或者啃咬异物为主要特征。

（1）病因。多由于饲料营养素缺乏而出现，如缺乏维生素、矿物质、盐类或者氨基酸类等；也有的伴随某些疾病出现，如寄生虫病、胃肠机能障碍、其他代谢病等。

（2）临床症状。有的牛出现食欲减少、被毛粗乱、精神倦怠、消化紊乱、磨牙、流涎等情况。有的动物表现食欲正常，但行为异常，如空口磨牙、咀嚼，互相舔食被毛等。有的动物采食土块、布头、绳子、墙皮、羊粪砖等异物，还会出现舔食铁块、石块、砖头、钢管等异常行为。采食的异物如果阻塞肠道，会造成胃肠胀气、排粪停止，食欲减少或者停止。

（3）治疗措施。可选用市售矿物质饲料舔块等供牛自由舔食；也可将微量元素、异食消、吃睡香、氨基酸等添加剂添加到日粮中，一般效果较好。针对顽固病例，可做相应化验，并有针对性地用药。

（4）预防。本病重在预防，防重于治。首先，要保证全价日粮营养供给充足、均衡，不要饲喂冰冻、霉败饲料。其次，要注意牛舍卫生，保证充足的通风和采光时间，冬季注意保暖。再次，对于泌乳期和妊娠期的牛，要补充氨基酸等，同时注意日粮中的钙、磷比例。要定期驱虫，积极治疗原发病，防止诱发本病。

补饲的饲料种类（供参考，依据当地市售情况）：复合盐砖、骨粉、麦麸米糠、饼粕、酵母、碳酸氢钠、电解多维、石膏等。

2. 酮病

本病主要发生于奶牛，所以又称奶牛酮血症。酮病是由于奶牛体内碳水化合物和挥发性脂肪酸的代谢出现异常而导致的一种全身性代谢病。临床上以尿液、乳汁和呼出气体有酮味（类似烂苹果味），消化机能紊乱，或兴奋、昏睡等为主要特征。

（1）病因。本病多发于高产奶牛，尤其是在泌乳高峰期常发。多因分娩后采食量未恢复，但是产奶量却已进入高峰期，或者因长期饲喂不足、饥饿造成的。饲料中缺乏蛋白质、碳水化合物、矿物质和微量元素，或者饲料中脂肪含量过高可引发本病，其他营养代谢病或前胃疾病也可诱发本病。

（2）临床症状。病初表现为食欲下降、拒食精料、消化不良或紊乱等一些前胃疾病症状。听诊瘤胃，蠕动音减弱或消失。后病情加重，从呼出气体、尿液和乳汁中能嗅出酮味，产奶量降低，对外界敏感性增高，变得兴奋、易攻击，但是后期精神沉郁或昏睡。严重者卧地不起，类似生产瘫痪，嗜睡。若能结合试验室尿液或血液中酮体的含量检测，有助于确诊本病。

(3) 治疗措施。本病的治疗重点是补充葡萄糖，可静脉注射 25%~50%的葡萄糖 300~500 mL，2 次/天，连用 3~5 天直到症状缓解。同时应用地塞米松或促肾上腺皮质激素肌肉或者皮下注射，促进糖异生。

每天饲喂丙二醇、甘油 100~250 mL，连用数天；或每天饲喂丙酸钙 120~200 g，连用 7~10 天；或每天饲喂乳酸钙、乳酸钠 200~400 g，连用 3 天。

若奶牛狂躁不安，可用盐酸氯丙嗪肌肉注射 0.5~1.0 mL/kg 体重，镇静。若出现酸中毒症状，可用 5%的碳酸氢钠溶液 500~1 000 mL，静脉注射。还可用复合维生素 B 注射液或者甲氧氯普胺等药物促进瘤胃蠕动，恢复胃肠动力，改善消化情况。

(4) 预防。预防重点是在奶牛高产期，要增加饲料中碳水化合物（如玉米、小麦、高粱等谷实类饲料）的比例，或在保证营养供给充分的前提下，适当增加粗饲料的比例。

五、中毒性疾病

1. 亚硝酸盐中毒

亚硝酸盐中毒是含有硝酸盐的饲料，在饲喂前贮存、制作不当或采食后在瘤胃内被还原成有剧毒的亚硝酸盐引起中毒。临床以呼吸困难、可视黏膜发绀、血液呈现暗褐色为主要特征。

(1) 病因。本病多因幼嫩青草、秧苗或其他叶菜类饲料经慢火焖煮，或者长期堆放，所含硝酸盐变为亚硝酸盐，后饲喂给动物而出现。牛瘤胃内的微生物也可将硝酸盐变成亚硝酸盐，所以采食过多含有硝酸盐的饲料和饮水也容易出现中毒。

(2) 临床症状。一般在大量采食后 5 h 左右突然发病。病牛出现流涎、呕吐、腹痛、腹泻、可视黏膜发绀、呼吸高度困难等症状。耳、鼻、四肢末端发凉，体温降低；站立不稳，行走摇晃，肌肉震颤；心跳急速，血液呈暗褐色或酱油色。严重者很快昏迷倒地，痉挛，窒息死亡。

（3）治疗和解救措施。立即应用特效解毒剂亚甲蓝或甲苯胺蓝溶液，同时应用维生素C液和高渗葡萄糖液。用1%的亚甲蓝溶液，0.1~0.2 mL/kg体重，静脉注射；5%的甲苯胺蓝溶液，0.1~0.2 mL/kg体重，静脉或肌肉注射；5%的维生素C液60~100 mL，静脉注射；50%的葡萄糖液300~500 mL，静脉注射。

除应用特效药之外，要用0.3%的食盐水或2%~3%的碳酸氢钠溶液进行洗胃，以免吸收更多的毒物。还要向瘤胃内投入适量的抗生素，以抑制瘤胃内的微生物将硝酸盐变为亚硝酸盐。

（4）预防。一是防止突然过食富含硝酸的青绿饲料或叶菜类植物；二是当饮水和饲料中含有大量硝酸盐时，应在饲料中加入碳水化合物。

2. 有机磷中毒

有机磷中毒是家畜接触、吸入或食用含有有机磷的药物过量而引起的中毒性疾病，临床上以肌肉震颤及痉挛、共济失调、瞳孔缩小、呼吸急促为主要症状。

（1）病因。家中使用农药，但是管理不善，被牛误食；或者牛长期处于喷洒农药的环境中，通过鼻子吸入或者通过皮肤吸收而中毒；或者使用敌百虫等药物驱除牛体内寄生虫时用药过量而导致中毒。

（2）临床症状。主要表现为胆碱能神经兴奋的一系列症状。发病急，若救治不及时，一般预后不良。病牛表现为食欲废绝、反刍停止、大量流涎、腹痛腹泻、兴奋躁动、肌肉震颤及痉挛、共济失调、瞳孔缩小、呼吸急促、体表出汗。严重者倒地抽搐，最后因呼吸中枢麻痹和循环衰竭而死亡。

（3）治疗和解救措施。紧急治疗有机磷中毒需用特效解毒药，在确诊后要尽早应用特效解毒药——解磷定，20~50 mg/kg 体重，溶于5%的葡萄糖注射液中或者0.9%的氯化钠注射液中，静脉注射（注意：要慢慢地注射且必须静脉给药），每隔4~5 h用药1次。同时配合用1%的阿托品注射液进行治疗，0.25 mg/kg 体重，皮下或者肌肉注射，每隔1~2 h用药1次，需要注意观察动物的情况，如果出现瞳孔散大、口腔干燥、出汗停止，此时要将给药时间间隔4~5 h，直至痊愈。

除了应用特效药，还需找到毒源，消除中毒因素。如若因为饲喂含有有机磷农药的驱虫药（如敌百虫）或者误食有机磷农药而中毒，要用0.3%的食盐水或2%~3%的碳酸氢钠溶液进行洗胃，清除胃肠毒物。若由于接触大量有机磷农药或涂抹外用驱虫药而中毒，则需要用清水、肥皂水或者0.3%的碳酸氢钠溶液清洗皮肤。

除以上措施外，要根据病情对症治疗，如使用樟脑磺酸钠强心；有抽搐可用盐酸氯丙嗪肌肉注射，镇静解痉；用尼可刹米肌肉注射，一次2.5~5 g，可使呼吸中枢兴奋；脱水严重要补液，要调节电解质平衡；酸中毒用小苏打，碱中毒用食醋。

（4）预防。一是做好有机磷农药的日常管理；二是应用敌百虫驱虫时严格按照剂量给药，不可过量，不能用碱性水；三是体外用药驱虫时，应用有机磷类药物要慎重。

模块4　牛外产科病防治

一、乳腺炎

乳腺炎指乳腺的间质或实质发生炎性病变，乳汁的理化性质也发生变化的疾病。

1. 病因

病原微生物（金黄色葡萄球菌、链球菌、大肠杆菌、支原体等）通过乳头管、消化道、生殖器官等侵入乳腺组织；挤奶方法或者挤奶器使用不当，造成损伤，进而造成乳腺局部或者弥漫性炎症的发生；或者其他病症，如布鲁氏菌病、子宫内膜炎、结核病等。

2. 临床症状

乳腺炎主要表现为乳腺局部或整个乳区出现红、肿、热、痛炎性反应。乳房变硬，外观与正常乳房有明显区别。严重时出现全身症状，体温升高，食欲减退。乳汁性状发生改变，如乳汁稀薄，有乳凝块、絮状物，严重者混有血液或者脓汁。产奶量下降明显。

大部分乳腺炎在临床上无明显症状，呈隐性经过。患隐性乳腺炎的病牛，仅产奶量有些下降，无其他明显表现，但乳汁在理化性质和细菌学上已发生了变化。

3. 治疗措施

（1）乳房治疗。挤净乳区乳汁，消毒，经乳头管注入青霉素50万单位、链霉素0.2 g、生理盐水100~150 mL组成的混合液，1~2次/天。注入后用手捏住乳头基部，向上轻轻按摩，使药液向上扩散。

（2）全身用药。用青霉素400万单位，链霉素3~4 g，2~3次/天，肌肉注射，连用3~5天。配合治疗用双丁注射液，0.1 mL/kg体重，肌肉注射，连用5天；或用鱼腥草注射液20~40 mL，肌肉注射，连用3~5天。

4. 预防

加强干奶期的护理。每次挤奶前后都要做好乳房的消毒，保证乳房的干净和卫生。加强饲养管理，如积极治疗原发病，保证日粮营养充足，机体抵抗力正常。

二、生产瘫痪

生产瘫痪指奶牛生产前后突然发生的，以低血钙、四肢瘫痪、肌肉无力、昏迷等为特征的一类疾病，又称乳热症或低钙血症。

1. 病因

分娩前钙质补充不足，分娩后大量血钙进入初乳，导致血钙浓度急剧下降；产前饲喂的饲料中钙质太多，刺激降钙素大量分泌，分娩后血钙的流失得不到补充；分娩后血压下降，脑供血不足。

2. 临床症状

（1）典型症状。前期为爬卧期，后期为昏睡期。

爬卧期主要表现为病牛卧地不起，头颈向一侧弯曲，若强行改变姿势，松手后又会恢复之前的姿势。此时，病牛易昏睡，意识模糊，对光反应迟钝。耳根部及四肢末端发凉，体温降至 36 ℃ 以下，出现循环障碍、脉弱无力、反刍停止、食欲废绝等症状。

昏睡期病情进一步发展，病牛四肢平伸，不能坐卧，瞳孔散大。体温进一步降低，循环障碍加剧，脉搏几乎感觉不到。因横卧引起瘤胃臌气，瞳孔反射完全消失，如不及时救治，病牛很快就会死亡。

（2）非典型症状。此种病例较多，而且于分娩后较长时间才会发生。表现为瘫痪，有时可以站立，但站不稳；病牛各类反射能力降低，但不消失。体温正常或者不低于 37 ℃。精神沉郁，但不昏睡。

3. 治疗措施

（1）静脉注射钙剂。用 10% 的葡萄糖酸钙 500~1 000 mL，5% 的葡萄糖 1 000~2 000 mL，5% 的碳酸氢钠 500 mL。如果有抽搐，或者不安，可以用25%的硫酸镁300~500 mL。用以上药物静脉注射时需要注意不要过快，而且要随时观察动物的心跳和呼吸，出现异常要及时停止给药，对症治疗。同时要肌肉注射维丁胶性钙5~10 mL。若以上药物使用后12 h症状仍无缓解，可重复给予钙剂和葡萄糖。

（2）口服药物。骨源液500 mL，1次/天，连用3天；或锌磷镁钾多维钙500 mL，1~2次/天，连用3天。

（3）乳房送风法。用专用的乳房送风器给4个乳区注入空气，注意消毒乳头管针后再插入乳头管，打满空气后用纱布条将乳头轻轻扎住。乳房送风器，如图8-1所示。冲气量应以乳房皮肤紧张、乳腺基部的边缘清楚、轻敲乳房呈鼓音为准。待病牛站立后，1 h左右再将纱布条拆除。该方法有时作用显著。

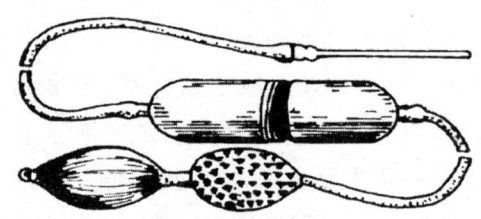

图8-1　乳房送风器

4. 预防

产前减少饲喂高钙饲料或饲喂低钙高磷的饲料。产前21天，每天可补饲50~100 g的氯化铵和硫酸铵，产前5~7天每天肌肉注射维丁胶性钙5 mL。静脉注射25%的葡萄糖和20%的葡萄糖酸钙各500 mL，每天一次，连用2~3次。

每天要多运动，多晒太阳。减少精饲料和多汁饲料的饲喂。产后要喂给大量的温盐水，以促使牛迅速恢复正常的血压。产后不要立即挤奶，而且不要将初乳挤尽。

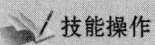

技能操作

奶牛隐性乳腺炎的检测

1. 方法

将市售奶牛隐性乳腺炎检测液按1:3的比例稀释，即1份检测液3份蒸馏水。每检测1个奶样需要稀释液（稀释后的检测液）2 mL。取奶样（弃去头两把奶后的）2 mL，将稀释液与奶样混合，摇匀，判定结果。

2. 结果判定标准

（1）阴性。每毫升混合物细胞数为20万以下，混合物呈液状，倾斜器皿时，液体移动流畅无沉淀物。

（2）可疑。每毫升混合物细胞数为20万~50万，混合物呈液状，倾斜器皿时，器皿底部出现微量沉淀物。

（3）弱阳性。每毫升混合物细胞数为50万~150万，器皿底部出现少量稀薄黏性沉淀，但不成胶状，倾斜器皿时，沉淀物散于底部，有一定黏附性。

（4）阳性。每毫升混合物细胞数为150万~350万，器皿底部沉淀物较多，比较黏稠，并有少量胶状物。倾斜器皿时，沉淀物有明显黏附于底部而难以流动的现象，旋转摇动时，沉淀物有聚中心倾向。

（5）强阳性。每毫升混合物细胞数为350万以上，器皿内混合物的大部分或全部形成明显胶状凝集物，几乎完全黏附于杯底，旋转器皿时，凝集物聚中呈团块，难以散开。

三、子宫内膜炎、胎衣不下

1. 子宫内膜炎

子宫内膜炎是母牛分娩时或产后由于微生物感染所引起的子宫黏膜的炎症，也是母牛不孕的主要原因之一。

（1）病因。难产时助产造成产道损伤、流产、子宫脱出、阴道脱出、阴道炎、子宫颈炎、恶露停滞、胎衣不下等继发感染；人工授精、阴道检查或剖宫产手术时消毒不严，致使病原菌侵入子宫黏膜表层或者深层；还有布鲁氏菌病、沙门氏菌或者其他病毒、真菌感染。

（2）临床症状。从母牛阴门流出黏液性或者脓性分泌物，严重时流出棕褐色分泌物，有时伴有臭味，卧下时流出量增多。体温升高，呼吸、脉搏加快，精神状态不佳，食欲和产奶量降低，有时伴发乳腺炎。直肠检查，子宫增大，有波动感，且有痛感，子宫收缩力减弱。牛患慢性子宫内膜炎时，一般全身症状轻微或者无表现，仅在发情时从阴门流出不透明分泌物，屡配不孕。

（3）治疗措施。当子宫炎症未波及全身时，一般对子宫局部用药。用子宫冲洗器将子宫冲洗干净后，选用下列药物：土霉素 2 g；或四环素 2 g；或金霉素 1 g，青霉素 200 万单位；或青霉素 100 万单位，链霉素 1 g。将药物溶于 200 mL 蒸馏水或者生理盐水，一次注入子宫。每日或隔日一次，直至排出的分泌物量变少而清亮为止。子宫冲洗器如图 8-2 所示。

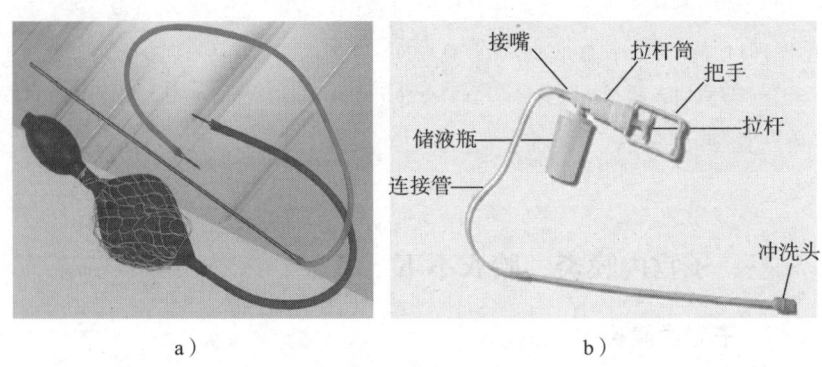

图 8-2　子宫冲洗器
a）老式　b）新式

冲洗子宫后，可向子宫投入甲硝唑泡腾片 7~10 片，1 次/天，连用 5~7 天；或投入土霉素片 10 片，1 次/天，连用 5~7 天。每次投入前必须将子宫冲洗干净，排出清亮的液体之后再投入药物。但如果全身症状严重或者是患深层子宫内膜炎，则不可冲洗子宫，仅投药即可，可用子宫收缩药物或用雌激素治疗。若全身症状严重，应进行全身治疗。

对慢性、脓性的子宫内膜炎病牛，可用0.1%~0.3%的高锰酸钾液，或3%~5%氯化钠液，或0.05%呋喃西林液，或卢戈氏碘液冲洗子宫。卢戈氏碘液具有很强的杀菌力，用时由于碘的刺激性，可促进子宫的慢性炎症转为急性炎症，因而可使子宫黏膜充血，黏液渗出增加，加速子宫的净化，促使子宫早日康复。

益生菌疗法：使用"乳孕生"每天向病牛子宫投入，1次/天，每次1~2瓶，连投3~5天。

（4）预防。人工授精时必须严格遵守操作规程，防止母牛子宫感染。在分娩接产及难产助产时，必须注意消毒，患有生殖器官炎症的病牛需在彻底治愈后才能配种。此外，做好传染病防治工作，也是预防本病的方法之一。

2. 胎衣不下

胎衣不下又称胎膜滞留，是指娩出胎儿后12 h内，仍没有排出胎衣的病理现象。

（1）病因。与生理结构有关，牛的胎儿胎盘与母体结合紧密，不易分离；由于饲养管理不善造成产后子宫收缩乏力，进而导致胎盘滞留；由于某些疾病（如子宫内膜炎、布鲁氏菌病、维生素A缺乏症等）继发本病。

（2）临床症状

1）胎衣全部不下。有一小部分胎衣或者尿绒毛膜悬挂于阴门外，且常被粪尿、土壤、草末等污染，如果经1~2天还未排出或没有人工剥离，胎衣就会在子宫内发生腐败，排出有臭味的恶露并且伴有胎衣碎片，若治疗不及时而腐败产物被吸收，则出现全身症状。

2）胎衣部分不下。胎衣大部分已排出，但仍有部分胎衣或者胎儿胎盘留在子宫内，致使病牛出现弯腰努责，排出恶露时间延长且伴有恶臭味，有时排出的恶露颜色变为污红色，卧下时排出量增多。若治疗不及时，会继发其他器官炎症，严重者出现败血症。

（3）治疗措施。为促进子宫收缩和胎衣排出，产后应尽快注射催产素，50~100国际单位，皮下或者肌肉注射。

抗菌消炎，防止腐败产物吸收：向子宫入抗生素，如土霉素粉或甲硝唑泡腾片，隔天1次，共用2~3次。如果排出效果不佳，应尽快手术剥离，防止腐败炎性产物被吸收。剥离后用青霉素（400万单位）或者其他抗生素兑在生理盐水（500 mL）中，反复冲洗子宫，直至流出的液体澄清透明。然后在子宫内投入抗生素，如土霉素粉或甲硝唑泡腾片，隔天1次，共用2~3次。若子宫有炎症，且伴有全身症状，则不宜冲洗子宫，向子宫投放抗生素即可，同时配合全身用药，治疗炎症。

注意事项：手术剥离胎衣时，必须完全剥离，尽早剥离；但如果子宫已有炎症，或者体温升高者，则不可直接进行剥离，需首先采用药物治疗。

（4）预防。首先要积极治疗子宫及其他生殖器官炎症；其次做好孕前、孕中和产后的日粮管理；再次就是注意助产的时机和方式方法，防止因产程过长或者助产不当造成子宫收缩无力；最后对于胎衣不能自行排出的母牛，应尽早进行剥离，可以有效预防胎衣在子宫内腐败。

四、疝

疝是腹腔脏器从自然孔道或病理性破裂孔脱至皮下或其他解剖腔内的一种疾病。从解剖部位可以分为脐疝、阴囊疝和腹壁疝，前两者多为先天性，后者多由外伤引起。牛常见的疝有脐疝和腹壁疝，阴囊疝少见，故本书不介绍阴囊疝。

1. 病因

(1) 脐疝。脐孔发育闭锁不全或者没有闭锁，不正确的断脐，脐部感染使得脐孔闭锁不全，努责或者腹压增大，使得内脏器官从闭锁不全的脐孔脱到皮下会形成疝。

(2) 腹壁疝。钝性外力加上腹压增大的一些因素，容易引发本病。

2. 临床症状

(1) 脐疝。在脐部出现隆起或者突出，触摸无痛感，不发热且柔软，随着腹压增大，隆起可变大。隆起消失或者内容物还纳腹腔后，可以摸到疝孔。若内容物为肠管，听诊可以听到肠音。

犊牛脐疝若并发大网膜与脐孔粘连引起腹膜炎，以及嵌闭性疝，可出现腹痛等明显症状，如不及时手术治疗，常引起死亡。

(2) 腹壁疝。腹壁受钝性外力作用后，会出现扁平、柔软的肿胀，触摸有痛感。初期一般可摸到疝孔（外伤所致的破裂孔）。随着炎症的发展，局部肿胀明显并增大，致使疝孔及其内容物界线不清晰。待局部炎症消失后，疝的界线明显，可以摸到疝孔。

3. 治疗措施

(1) 保守疗法。适用于疝孔小、发生该病不久的病牛。准确找到疝部，将内容物还纳腹腔后，可采用特制绷带进行压迫，压迫时间约 15 天。

脐疝可在脐孔周围注射 95% 的酒精或者 10%~15% 的氯化钠溶液进行多点注射，每点 3~5 mL。

腹壁疝随着炎症和水肿的消除可以自行闭合。

(2) 手术疗法。局部麻醉、消毒。从皱襞处切开疝囊，检查内容物有无坏死，如果有坏死需要将坏死的组织切除。如果疝轮已经瘢痕化了，需要将瘢痕组织切除，人为形成新鲜创，然后用双纽扣缝合法闭合疝轮，并连续缝合闭合其他组织，皮肤结节缝合，打结系绷带。术后要加强护理，不可过食，要适度运动，不要惊吓、驱赶。3天后查看刀口恢复情况，用碘酊消毒，拆除绷带。7天后拆除皮肤缝线。15天左右恢复正常饲喂量。

4. 预防

对于外伤性腹壁疝要及时对同群牛进行断角，同时避免惊吓和暴力驱赶。动物盲目奔跑容易导致撞伤，相互踢踩也容易出现外伤。

五、新生犊牛窒息与犊牛腹泻

1. 新生犊牛窒息

新生犊牛窒息又称假死。犊牛出生后出现呼吸障碍或者呼吸暂停，但心脏仍有微弱的跳动，称为新生犊牛窒息。

（1）病因。产程过长、脐带绕颈、胎位不正等原因导致犊牛缺氧；妊娠期母牛营养不良或患有某种疾病，导致胎儿先天发育不足；犊牛出生后护理不当，如温度过低、头颈或者鼻孔被压迫、没有及时清理口鼻内的羊水等。

（2）临床症状

1）轻度窒息。仔牛瘫软无力，呼吸急促而微弱，张口呼吸，可视黏膜发绀，心率快但心跳微弱。若呛入羊水则能够听到湿啰音或者"呼噜声"。

2）重度窒息。仔牛反射消失，可视黏膜苍白，呼吸停止，呈现假死状态，但听诊可听到微弱的心跳，仔细观察可看到胸壁有轻微起伏。

（3）治疗急救措施。倒提起犊牛，或尽量将后躯抬高，将口鼻处的黏液和羊水用纱布擦干净，同时向鼻孔处吹气，拍打胸壁，诱导呼吸。也可将洗耳球插入犊牛鼻腔吸出堵塞的羊水和黏液，或者将导管插入犊牛鼻腔和气管内，吸出羊水。

较为严重的，除上述措施外，可皮下或肌肉注射25%的尼可刹米 1.5 mL，使呼吸中枢兴奋。还可以配合使用樟脑磺酸钠进行强心。

待窒息状况缓和后，可静脉注射 10% 的葡萄糖 200~300 mL，5% 的碳酸氢钠 50 mL。为预防肺炎的发生，可肌肉注射抗生素。

（4）预防。保证妊娠期母牛的健康和全面营养，定期体检；出现难产及时助产；对产出后犊牛要及时清理口鼻羊水和黏液，并做好保温措施。

2. 犊牛腹泻

犊牛腹泻又称犊牛拉稀，是指犊牛粪便变稀薄甚至排出水样粪的一类病症。犊牛腹泻四季均可发生，对犊牛的生长发育有很大的影响和威胁，且犊牛发病率高，病死率为 50% 左右。

（1）病因。病因有天气骤变，哺喂过饱，应激性因素（如惊吓、转群等），人工哺喂奶温过低，传染性因素（如感染轮状病毒、大肠杆菌、巴氏杆菌等）。

（2）临床症状。传染性因素引起的犊牛腹泻一般发病急，病程重，病死率高，且多见群发。病牛体温升高，有时高达 41 ℃，粪便颜色从淡黄色粥样便变为灰白色粥样或水样便，有时混有血液或脓汁，且粪便多带有恶臭。病牛精神沉郁，食欲减退或消失，肠鸣音亢进，因剧烈腹泻而出现脱水症状，如眼窝凹陷、皮肤弹性下降等。治疗不及时或者没有治疗就易出现病犊死亡。

由饲养管理不当引起的腹泻，多发生于哺乳期。病初，多呈粥样稀便，淡黄色、灰黄色乃至灰白色。有的排水样的粪便时粪便中伴有尚未消化的奶块，但是臭味不大，或者有酸臭味。后躯常被粪便污染。病牛一般体温正常，或体温稍有变化。精神萎靡，食欲减退或停止，喜卧。肠音响亮，并有轻度臌气和腹痛现象。

若得不到及时治疗，持续腹泻，会导致机体瘦弱、脱水、酸碱紊乱等，最后出现死亡。

（3）治疗措施。禁食 8~10 h，为了减少对胃肠道的刺激，可以饮少量的糖盐水（300~500 mL）；如腹泻不严重，可以用盐类或者油类缓泻剂清理胃肠道，然后将初乳稀释后供犊牛自饮或给犊牛灌服。

对于因为饲养管理不良引起的腹泻，首先应消除应激因素，减少哺喂量或者对病犊牛进行保温护理。然后使用助消化的药物如胰酶、淀粉酶、乳酶生或酵母等1~2天，同时将哺喂量减半或者少量多次哺喂。若是自由哺乳，则要让小牛少吃母乳，使母牛和犊牛分开，以防过饱，影响消化功能。如果腹泻情况没有改善，应及时静脉注射5%的葡萄糖350~500 mL，并配合使用能量合剂（辅酶A和三磷酸腺苷），加用生理盐水（200~500 mL）、庆大霉素（按照0.1~0.2 mL/kg体重）、维生素C。以上1次/天，严重者2次/天，连用3~5天直到粪便由稀变为正常。

对于传染性因素引起的腹泻，首先要治疗原发病，其次要对症治疗，以免引起并发症。

（4）预防。加强妊娠母牛的饲养管理，保证营养充足，运动合理；不能用不合格的初乳喂犊牛；控制好初乳的温度和哺喂量。

第9单元 牛场筹划与建设

模块1 牛场筹划

牛场筹划是牛生产经营的前期工作,筹划要科学,否则会直接影响经济效益。

一、牛场建设条件

1. 场地条件

根据每头牛所需面积确定牛场规模,并结合长远规划留出备用空间。牛舍及其他房舍的面积一般为场地总面积的15%~20%。

2. 资金条件

牛场建设需要的资金量较大,尤其是奶牛场,与其他场相比,资金周转率较低,生产周期长,因此必须保证有一定量的建场资金。

3. 饲草料条件

饲草料是养牛生产中最需满足的物质条件。牛是草食家畜,每天需采食大量的饲草料,因此建牛场一定要保证有丰富的饲草料资源。

4. 市场需求

建牛场首先要做好市场调研,掌握好供求信息,预测发展前景。一定要考虑产品的销售渠道及市场需求状况。

5. 品种资源

要有充足的优良奶牛品种和肉牛品种。建设奶牛场可选择引进良种牛和国产高产牛；建设肉牛场，可选择国内的一些优质地方良种牛或者国外引进的良种肉牛，也可选择当地饲养较多的杂种肉牛进行肥育。

二、确定生产经营方向

在建场时，首先要确定生产经营方向，是养奶牛还是养肉牛。确定养牛场的生产经营方向，首先要了解市场需求，预测国内外牛乳、肉、皮及其加工产品的市场发展情况及价格，其次要根据场地、资金状况、饲料资源状况、产品销售渠道等情况进行综合分析。

三、确定生产规模

只有经营方向正确，经营规模适度，才能实现养牛资源与生产的最佳配置，从而取得最佳效益。选择适度规模经营，经济成本最小而效益最大。

四、确定饲养模式

饲养模式可根据饲养规模和现有基础条件因地制宜确定，主要有舍饲、半舍饲半放牧、放牧3种。

五、经济效益分析

1. 资产核算

资产是指企业拥有或控制的、能以货币计量的经济资源。资产核算主要是对固定资产和流动资产的核算。

（1）固定资产。固定资产是指价值较高、使用年限较长、多次投入生产过程的资产，在生产过程中，其物质形态保持不变，主要包括：生产用固定资产（如牛舍、挤奶器等）、非生产用固定资产（如办公室、职工宿舍、食堂等）及未使用的固定资产。

（2）流动资产。流动资产是指可以在一年内或长于一年的一个营业周期内变现金或运用的资产，主要包括货币资产（库存现金、银行存款等）、结算资金（应收票据、应收账款等）、存货（饲料、兽药、低值易耗品、幼畜等）、短期投资等。

2. 成本核算

畜产品成本是指畜牧企业在一定时期的生产经营活动中为生产和销售产品而花费的全部费用。畜产品成本核算是经济核算的中心内容。成本核算中的成本包括直接成本和间接成本。

（1）直接成本。包括一线生产人员的工资和福利费、牛饲料费、燃料动力费、牛群医药费、产畜摊销费（即种畜和产畜的折旧费）、低值易耗品损耗费等费用。

（2）间接成本。包括共同生产费（利息支出、产品销售方面的费用等）和企业经营管理费（管理人员的工资、福利费，经营中的水电费、办公费和车旅费等）。间接成本需要按一定比例分摊到各种牛群的成本中去。

3. 利润核算

（1）税前利润。税前利润是指销售收入减去销售成本以后的余额，它包括税金和利润。牛场自产留用的产品，应视同销售。

（2）利润。利润是指企业在一定时期的经营成果。利润为负数时，表示亏损，应按规定的程序弥补。通常，本年度发生亏损可用下一年度的利润弥补。下一年度的利润不足以弥补亏空时可连续五年以税前利润弥补。

（3）税金。税金是指国家根据事先规定的税种和税率向企业征收的、上缴国家财政的款项。畜牧业主要应上缴的税金为：农牧业税、产品税、营业税、资源税和所得税等。

模块 2　牛场建设

一、牛场的总体设计与建设

1. 场址的选择

（1）地势。应选择通风良好、背风向阳、比较干燥的地方建场。牛场地势应较高，排水情况应良好，可稍有缓坡，总体应平坦。

（2）土质。砂壤土最理想，黏土最不合适。砂壤土土质松软、透水性好，雨水尿液不易积聚，有利于清洁卫生。

（3）水源。地下水清洁、充足、水质良好、取用方便。

（4）饲料。牧区牛场应选择地域广阔、牧草种类多且品质好的场所。牛场附近要有可种植牧草的优质土地，可种植高产牧草，以弥补天然饲草不足。牛场以舍饲为主时，更要有广阔的饲料饲草基地或充足的饲料饲草来源。

（5）能源通信。牛场要电源充足，通信方便。

（6）社会联系

1）交通便利。修建专用道路，使之与公路相连，便于饲料供给和产品运输等。但要与主干公路和铁路有一定的距离：离主干公路和铁路至少 1 000 m，且周围要有绿化隔离带。

2）非疫区。牛场周围应无疫病区，场与场间要有一定的距离，这样有利于预防疾病。

3）远离污染源。远离化工厂、屠宰厂、制革厂和居民区的垃圾倾倒处和污水排出处，至少保持 1 500 m 的距离。

2. 牛场的规划布局

牛场的布局与规划一般采用按功能分区规划、布局的原则。要求布局紧凑、布局得当，尽量少占地，并留有备用空间，以便将来发展时使用。可按图9-1所示的示意图安排各区。

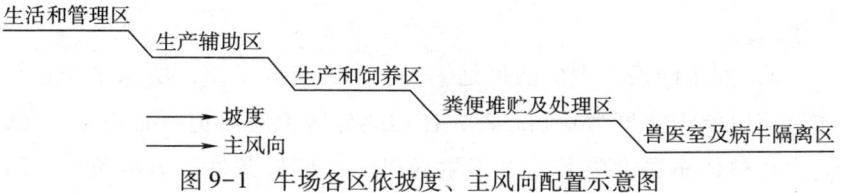

图 9-1　牛场各区依坡度、主风向配置示意图

（1）牛场的总体规划

1）生活和管理区。包括职工宿舍、食堂、办公室及传达室等，应建在牛场的上风向和地势较高的地段，并与生产区保持一定的距离（至少100 m），避免牛场产生的不良气味、噪声、粪便和污水污染居民生活环境。

2）生产辅助区。主要包括饲料加工区、饲草料贮备区、配种工作室、设备存放及维修车间等。应建在生活和管理区下风向，即管理区和生产区之间，既方便饲料运输，又可避免粉尘污染生活和管理区。

3）生产和饲养区。包括各类牛舍、挤奶厅等，是牛场的核心。应建在生产辅助区下风向的全场中心地带。

4）粪便堆贮及处理区。应建在生产和饲养区的下风向和地势低洼处，与牛舍至少要保持200 m的距离，防止污染牛场环境。

5）兽医室及病牛隔离区。应建在饲养区的下风向和低洼处。该区相对独立，与牛舍相距300 m以上，有隔离屏障，还有单独的通道和入口，便于消毒、隔离和处理病死牛。

（2）牛场建筑布局。根据牛场的种类还有其他的一些具体条件，尽量因地制宜、合理布局，其基本原则如下。

1）便于生产。牛的生产过程由许多生产环节组成，主要包括饲料加工、饲喂、挤奶、清粪、繁殖等环节。牛场的建筑布局首先要满足生产工艺流程的要求，按照生产过程的顺序性和连续性来规划布局，达到有利于生产、便于科学管理的目的，从而提高劳动生产率。

2) 便于防疫。卫生防疫是牛生产中的首要工作，所以牛场建筑布局应以便于防疫为基础。首先在功能分区上应避免不必要的交叉，其次在整体布局上应着重考虑主导风向、地势条件、隔离条件、防疫距离等。

3) 便于运输。牛场内各类牛群周转，饲料、粪污及其他生产和生活用品的运输任务非常繁重，所以在建筑物和道路布局上应考虑周全。

4) 便于生活管理。在牛场的布局上，应使生产区和管理生活区做到既独立又联系，位置应适中，环境应相对安静。这样既能为职工创造舒适的工作环境，又便于生活、管理。

5) 净污分离。在满足上述布局原则的基础上，应根据生产工艺流程，做到净道与污道严格分离，健康牛与病牛严格分离，饲料区与污物处理处严格分离，生产区与生活区严格分离。

二、牛舍的设计与建设

1. 牛舍的基本结构和要求

（1）牛舍面积。牛场内牛舍及其他房舍的面积为场地总面积的15%~20%。由于牛的品种、体形大小、生产目的、饲养方式等不同，每头牛占用的牛舍面积也不一样。每头肥育牛所需面积为1.6~4.6 m^2，每头乳牛所需面积为4.5~5.0 m^2。

（2）牛舍地面。根据建筑材料不同可分为黏土地、三合土地（石灰、碎石、黏土的配比为1∶2∶4）、石地、砖地、木质地、水泥地等。为了防滑，水泥地应划槽线做成粗糙面，线槽坡向着粪尿沟。

（3）墙体。根据墙体的情况，可将牛舍分为开放式牛舍、半开放式牛舍和封闭式牛舍 3 种类型。封闭式牛舍上有屋顶，四面有墙，并设有门、窗。开放式牛舍与半开放式牛舍三面有墙，一般南面无墙或只有半截墙。

（4）门。一般设成双开门，所有牛舍大门均应向外开，不应设台阶和门槛，以便牛能自由出入。成年牛牛舍门宽 2.0~2.2 m，门高 2.0~2.4 m，每 25 头牛需有 1 扇大门。犊牛舍门宽 1.5 m，门高 2.0~2.2 m。

（5）窗户。窗户主要起到通风、采光、保暖作用。在寒冷地区，北面尽量不设窗户，窗户的面积也不宜过大。在温暖的南方地区，主要应保证夏季通风，可适当多设窗和加大窗户面积，以窗户面积占墙总面积 1/3~1/2 为宜。窗台距舍内地面距离为 1.2 m，窗宽 1.2~1.5 m，窗高以 0.75~0.90 m 为宜。

（6）屋顶与天棚。最常用的是双坡式屋顶，这种形式的屋顶适用于有较大跨度的牛舍，可用于各种规模的各类牛群，既经济又保温，而且容易施工修建。天棚俗称顶棚、天花板，是横隔在牛舍与屋顶之间的结构。天棚的主要功能在于冬季能防止热量大量地从屋顶排到舍外，夏季能阻止强烈的太阳辐射热传入舍内，同时还有利于通风换气。常用的天棚材料有混凝土板、木板等。牛舍的高度（地面至天棚的高度）：北方寒冷地区以 2.4~2.8 m 为宜，南方以 2.8~3.2 m 为宜。牛舍屋顶斜面与水平面成 45°。

2. 奶牛舍

（1）奶牛舍的形式

1）按屋顶形式划分

①单坡式。采光、通风较好，但舍内温度、湿度较难控制。

②双坡对称式。此种类型的牛舍有利于舍内小气候的控制，适

用于有较大跨度的牛舍，造价较低，适用性较强，用得较多。

③钟楼式和半钟楼式。通风良好，适用于南方，耗材多，造价较高。

2）按饲养方式划分

①拴系式。拴系式牛舍是优质传统而普遍使用的牛舍。每头牛都有固定的牛床，用颈枷或链条拴住牛只。拴系式牛舍的优点是饲养管理可以做到精细化，缺点是费工、费事、费时。

拴系式牛舍内布局可分单列式、双列式和四列式等。双列式可分为对尾式和对头式2种。

对尾式。中间为除粪道，两边各有一条饲喂通道。挤奶、清粪方便，但饲喂不方便。

对头式。中间为饲喂通道，两边各有一条除粪通道。优缺点与对尾式相反。

②散栏式。主要包括休息区、饲喂区、待挤奶区、挤奶区等。母牛在休息区和饲喂区不拴系，自由活动，在挤奶区集中挤奶。因气候条件不同，散栏式牛舍可分为房舍式、棚舍式和阴棚式3种。

3）按牛群类别划分

①成年乳牛舍。成年乳牛舍是奶牛场的主要建筑，主要饲养产乳牛。建造标准牛舍，我国已有设计规范。双列式牛舍在我国乳牛业使用最为普遍。

②育成牛和青年牛舍。这类牛舍的基本形式与成年牛舍相似，只是牛床尺寸小，中间走道稍窄而已，牛舍建造上可采用东、西、北面有墙，南面没有墙或仅有半截墙的开放式或半开放式建筑方式。

③产房和犊牛舍。较大规模的牛场应专建产房，产房的床位占成年乳牛头数的10%，床位应大一些，一般宽1.5~2.0 m，长2.0~2.1 m，粪沟不宜深，约8 cm即可。

(2) 奶牛舍内的主要设施

1) 牛床。牛床是奶牛采食、挤奶和休息的场所，应具备保温、不吸水、坚固耐用、清洁、消毒方便等特点。

2) 隔栏。通常用弯曲的钢管制成。

3) 食槽。牛床前面应设置固定的长食槽。

4) 饮水设备。采用自动饮水设备既清洁卫生，又可提高产奶量。

5) 饲料通道。通道位于食槽前，通道宽应便于人工和机械操作。

6) 中间过道。中间过道与粪尿沟相连，是清粪尿、奶牛出入和进行挤奶作业的通道。

7) 粪尿沟。牛床和中间过道之间设有粪尿沟。

8) 颈枷。颈枷的用途是把牛固定在牛床上。

9) 门。门可保证牛舍的通风采光，不设门槛，每栋牛舍应有1个或2个门通向运动场，门向外开。运料门和清粪门应分开。

10) 窗。南北设有窗户，数量宜多，窗户总面积应占牛舍占地面积的8%。

(3) 厅式挤奶机。厅式挤奶机是奶牛规模化生产中的重要配套设施。采用厅式挤奶机可提高牛奶质量和劳动效率。厅式挤奶机可分为固定式和转动式2种。

3. 肉牛舍

(1) 拴系式肉牛舍。目前国内舍饲的肉牛舍多为拴系式，尤其对于高强度肥育肉牛。拴系饲养占地面积少，节约土地，管理比较精细，牛只活动少，饲料转化率高。内部布局与乳牛舍相似，也分为单列式、双列式和四列式3种。单列式跨度6.0 m，高2.8~3.0 m；双列式跨度10~12 m，高2.0~3.8 m。每25头牛设1个门，不设门槛。成年母牛床长1.8~2.0 m，宽1.2~1.3 m；育成牛床长

1.7~1.8 m，宽 1.2 m。送料道宽 1.0~2.0 m，除粪道宽 1.4~2.0 m，两端通道宽 1.2 m。

牛舍内最好建成粗糙的防滑水泥地面，并稍向排粪沟方向倾斜，坡度为1%。牛床前面设固定水泥槽，饲槽宽60~70 cm，槽底为U形。排粪沟宽30~35 cm，深10~15 cm，并向暗沟倾斜，通向粪池。

(2) 围栏式肉牛舍。围栏式肉牛舍又叫无天棚牛舍或全露天牛舍。按牛的头数，以每头繁殖牛30 m²、幼龄肥育牛13 m²的标准加围栏，将肉牛养在露天的围栏内。栏内一般不设棚舍或仅在采食区和休息区设凉棚。肉牛的这种饲养方式投资少，便于机械化操作，适用于大规模饲养。

> **技能操作**
>
> **200头肉牛肥育场的规划设计**
>
> 1. 总体规划布局
>
> 土地总面积约20 000 m²，长170 m，宽120 m，东西走向，可进行总体规划布局如下。
>
> (1) 牛场可分东西两块，中间设置一条8~10 m宽通道。靠近院墙设置3~4行绿化林（其余地方可根据挡风和美化情况，自行安排绿化）。
>
> (2) 按要求布局生活管理区、生产区等。各区布局要合理。
>
> (3) 每栋牛舍长33 m，宽12 m；运动场从牛舍向前延伸18 m。每栋牛舍饲养50头肉牛，共设置4栋牛舍，可饲养200头肉牛。
>
> (4) 牛舍间距为15 m。
>
> 2. 牛舍结构
>
> 可根据当地自然、地理、气候条件酌情处理，下面只是提供1种方案。
>
> (1) 屋顶形式。双坡式。
>
> (2) 内部布局。双列式（最好为对头式）。
>
> (3) 饲喂通道。宽3.6~4.0 m（机械投料，以投料机械能够运行为准）。
>
> (4) 清粪通道。宽1.6~2.0 m（以清粪工具能够运行为准）。

(5) 门。门高 2.0~2.2 m，门宽 2.0~2.5 m。门一般设置成双开门，也可设置成上下翻卷门。

(6) 窗。封闭式的窗应大一些，高 1.5 m，宽 1.5 m，以窗台距地面 1.2 m 为宜。

(7) 牛床。牛床长 1.6~1.8 m，间距 1.0~1.2 m。牛床坡度为 1.5%，牛槽端位置稍高。

(8) 饲槽。饲槽设在牛床前面，以固定式水泥槽最实用，饲槽上宽 0.6~0.8 m，底宽 0.35~0.40 m，呈弧形，槽内缘（靠牛床一侧）高 0.35 m，外缘（靠走道一侧）高 0.6~0.8 m。

模块 3　牛场的环境控制

一、牛场的环境要求

1. 温度

牛借助于产热与散热来调节体温。牛通过自身的体温调节，保持最适宜的体温范围以适应外界环境的变化。奶牛舍内最适宜的温度及最高、最低温度，详见表 9-1。

表 9-1　　　　　奶牛舍内温度参考　　　　　单位：℃

牛舍类别	最适宜温度	最低温度	最高温度
成年母牛舍	9~17	2	27
犊牛舍	6~8	4	27
产房	15	10	27
哺乳犊牛舍	12~15	3	27

2. 湿度

一般空气湿度越大，体温调节范围越小。在高温和低温时，湿度升高会加剧对奶牛产奶量的影响。高温高湿的环境会使牛体热不易散发，导致体温升高。低温低湿的环境又会使牛体散发热量过多，引起体温下降。空气相对湿度在55%~85%时，对牛体的直接影响不太显著，但高于90%则对奶牛危害较大。所以，奶牛舍内的相对湿度不宜超过85%。

四季应注意控制湿度，这样有利于避免热应激。

3. 气流

气流的主要作用是散热。对流散热是借助奶牛身体周围气体的流动来实现的。在一定范围内，对流速度越快，牛体散热越快。在高温或低温情况下，风速对产奶量的影响非常明显。

4. 有害气体

养牛规模化生产中，牛舍内的有害气体主要为氨气、硫化氢、二氧化碳等，它们主要来自呼吸、排泄和生产中的有机分解。如果牛舍空气中的有害气体达到一定的浓度，不但会影响牛的健康和生产能力，还会危害工作人员的身体健康，甚至影响周边地区的空气环境质量。

二、牛场废弃物对环境的污染

牛场的废弃物如粪、尿、二氧化碳、甲烷等会造成环境的污染。

1. 对土壤及水源的污染

在粪尿存放期间，有的有机质及矿物质随粪水渗入土壤，然后进入地下水；也有的直接随雨水进入地表水。一方面在微生物的作用下，水中的溶解氧被大量消耗，严重时有机物质发生厌氧分解，产生各种有恶臭的物质；另一方面粪尿中大量的有机氮磷营养物质，在分解过程中被矿化为无机态的氮磷物质，造成植物根系的损伤或徒长，或使水中的藻类大量繁殖进而造成水质腐败，导致水生生物死亡。

2. 对空气的污染

因牛粪中含有大量的有机物，所以排到体外会迅速发酵腐败，产生硫化氢、氨等有害物质，污染大气环境。这些物质会对人类健康产生不良影响，也会使奶牛的抗病能力和生产能力降低。

三、牛场环境污染的控制

1. 牛场废弃物处理的要求

（1）不传播疫病，不污染环境。

（2）厩肥水不得直接进入河流，须与雨水分流。

（3）设法综合利用牛粪尿，变废为宝。

（4）遵循《中华人民共和国环境保护法》等法律的各项规定，定期对环境卫生进行检测，测定项目有水、畜产品、大气和噪声等。

2. 牛场废弃物的净化与利用

（1）粪污的净化与利用

1）生产沼气。利用厌氧菌（主要是甲烷菌）对牛粪等有机物进行厌氧发酵可产生沼气，在沼气的生产过程中，厌氧发酵可杀死病原微生物和寄生虫卵，发酵的残渣又可作为肥料供植物生长使用。所以，生产沼气既能合理利用牛粪，又能防止环境污染。

2）堆肥发酵处理。牛粪的发酵处理，即利用各种微生物的活动来分解粪中的有机成分，可以有效地提高有机物质的利用率。在发酵过程中形成的特殊理化环境也可以基本杀灭粪中的病原体。发酵处理主要有充氧动态发酵、堆肥处理等，其中堆肥处理方法最简单，无须使用专用设备，处理费用低。

3）人工湿地处理。目前，加拿大、澳大利亚和新西兰等国家多采用天然湿地和人工湿地来处理污水。人工湿地由水生植物、微生物和基质构成。水生植物扎根于土壤或沙砾等基质中，基质支持着水生植物，水生植物根系发达，又为各种微生物提供了良好的生存环境。

通过微生物与水生植物的共生互利作用，使污水得以净化。人工湿地处理具有投资少、维护保养简单的优点。

4）综合生态过程处理。通过分离器或沉淀池将牛粪尿污水进行固液分离，固体可作有机肥还田也可作食用菌培养基，液体进入沼气厌氧发酵池。通过"微生物-植物-动物-菌藻"的多层生态净化系统，使污水污物得以净化。净化水达到国家排放标准后，可排放到江河或直接回收用于冲刷牛舍等。此外，牛场污物还可以通过干燥处理、粪便饲料化应用及营养调控等措施进行控制。

（2）有害气体的净化与利用

牛的排泄物、分泌物、黏附于皮肤的污物、呼出的气体及粪污在堆放过程中腐败分解所产生的大量难闻气体，使牛场有特有的臭味，所以牛场需采用一些方法除臭。

1）吸附或吸收法。可通过向粪便或牛舍内投放吸附剂来减少臭味的散发。常见的吸附剂有沸石、膨润土、海泡石、锯末、活性炭等。

2）化学除臭法。向牛舍内喷洒一些化学除臭剂，通过化学反应把有味的物质转化成无味的物质。一些氧化剂除可以减少气味外，还能起到杀菌消毒的作用。常用的化学氧化剂有高锰酸钾、过氧化氢、次氯酸盐等。

3）生物除臭法。可利用生物除臭剂，控制（抑制或促进）微生物的生长，减少有味气体的产生。常见的生物除臭剂有生物助长剂和生物抑制剂。

4）洗涤法。洗涤法是使污染气体与含有化学试剂的溶液接触，通过化学反应或吸附作用去除有味气体的方法。

5）场界植林带法。在牛场周围种植绿色植被，可以降低风速，防止气味传播更远的距离，缩小污染的范围。植物还可以降低环境温度，减少气味的产生与挥发。树叶可直接吸收、过滤含有气味的气体和尘粒，从而减轻空气中的气味。树木通过光合作用吸收空气中的二氧化碳，释放氧气，可明显降低空气中的二氧化碳浓度，改善空气质量。